IL PRIMO ERRORE DI EINSTEIN

Intervallo di tempo

Evgeni Bantutov

ЕДБ

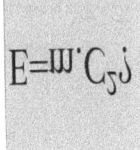

Copyright © 2022 Evgeni Bantutov

All rights reserved

The characters and events portrayed in this book are fictitious. Any similarity to real persons, living or dead, is coincidental and not intended by the author.

No part of this book may be reproduced, or stored in a retrieval system, or transmitted in any form or by any means, electronic, mechanical, photocopying, recording, or otherwise, without express written permission of the publisher.

Cover design by: ЕДБ

CONTENTS

Title Page
Copyright
1. Prefazione — 1
2. Introduzione — 2
3. Descrizione del problema — 3
4. Soluzione al problema — 56
5. Analisi 02.02.2022. — 62
6 Analisi 22022022 — 68
7. Ambiente di definizione — 70
8. Spiegazioni all'ambiente di definizione. — 72
9. Conclusione — 78

1. PREFAZIONE

Questo libro si intitola Il primo errore di Einstein. È concepito come una seconda edizione e una versione ampliata del libro "Einstein's Mistake". Sono state modificate parti sostanziali del testo principale e sono stati aggiunti tre nuovi capitoli.

2. INTRODUZIONE

La Teoria della Relatività Speciale è stata creata da Albert Einstein. È una teoria del tempo, dello spazio e del movimento.

Nel creare la teoria della relatività speciale, Einstein ha utilizzato orologi che misurano il tempo.

Questi orologi devono funzionare in modo sincrono. Affinché funzionino in modo sincrono, devono essere sincronizzati in anticipo. La sincronizzazione degli orologi viene sempre eseguita con un metodo per verificare il funzionamento sincrono degli orologi.

Il metodo usato da Albert Einstein è impossibile. Quando il metodo di Albert Einstein è impossibile, anche la Relatività Speciale è impossibile.

Questo è ciò che mostreremo in questo libro.

Ci sono molte figure nel libro. Attraverso le figure, il metodo a di Albert Einstein per controllare il funzionamento sincrono degli orologi è facilmente mostrato e spiegato .

Quando ci sono cifre, i lettori che non hanno un'educazione speciale in fisica capiscono immediatamente quale sia stato l'errore di Albert Einstein.

Il libro è realizzato in modo del tutto deliberato, per persone che non sono specialisti in fisica, ma a cui piace pensare, analizzare e cercare risposte a interessanti domande fisiche e misteri naturali.

3. DESCRIZIONE DEL PROBLEMA

Nel 1905, l'articolo " Zur elek $_t$ rodynamik motore Kö rper " Annalen _ der Physik 1905 17, 891-921).

L'autore è molto giovane e si chiama Albert Einstein. Dopo questo articolo, è diventato un ricercatore di fama mondiale.

L'articolo si compone di un'introduzione, due parti e dieci paragrafi. Le cose più importanti sono dette nelle prime tre pagine dell'articolo. In queste poche pagine vengono mostrate le idee che stanno alla base della Teoria della Relatività Speciale. Queste idee sono soggette a serie critiche e possono essere contestate.

L'obiezione principale è contro il metodo di sincronizzazione degli orologi di Albert Einstein.

Ecco cosa dice Einstein:

Se un orologio si trova in un punto nello spazio, allora l'osservatore situato in A può determinare l'ora degli eventi direttamente in A. Chiedendo la coincidenza del simultaneo con questi eventi la posizione delle lancette dell'orologio. Se in un altro punto B dello spazio c'è anche un orologio, - possiamo aggiungere, "un orologio con esattamente lo stesso dispositivo di quello che si trova in A, - allora è ancora possibile determinare l'ora degli eventi nelle immediate vicinanze, **dal uno situato B nell'osservatore.**

Senza un presupposto aggiuntivo, tuttavia, non è possibile confrontare nel tempo, un evento in A, con un evento in B;

finora abbiamo definito "tempo A" e "tempo B", ma non il generale, per A e B "tempo".

Possiamo fare quest'ultimo assumendo per definizione che il tempo impiegato dalla luce per raggiungere da A a B sia uguale al tempo necessario per raggiungere da B a A. Sia appunto in un istante t_A relativo al tempo A, un raggio di luce è diretto da A a B, in un istante t_B relativo al tempo B, è riflesso da B a A, e in un istante t'_A relativo al "tempo A", ritorna a A. Per definizione, due orologi sono sincronizzati se:

$$t_B - t_A = t'_A - t_B$$

Questo è il testo in cui Albert Einstein mostra il suo metodo per sincronizzare due orologi e dimostra che questi due orologi funzionano in sincronia. Il metodo di Einstein è facilmente spiegabile e comprensibile attraverso l'uso di un esempio numerico.

Ad esempio, un osservatore A invia un impulso luminoso alle otto del mattino. Le otto sono un momento nel tempo t_A.

$$t_A = 8$$

Se i due orologi sono sincronizzati, anche l'orologio dell'osservatore B dovrebbe segnare le otto.

L'inizio dell'impulso luminoso arriva nel punto B, e quindi l'orologio dell'osservatore situato nel punto B, segna le dieci. Le dieci sono un momento del tempo t_B

$$t_B = 10$$

Se i due orologi sono sincronizzati, anche l'orologio dell'osservatore A dovrebbe segnare le dieci.

Il raggio viene riflesso dal punto B e ritorna all'osservatore A alle dodici. Le dodici sono un momento del tempo t'_A.

$$t'_A = 12$$

Se i due orologi sono sincronizzati, B anche l'orologio al punto, dovrebbe indicare le dodici.

L'impulso luminoso percorre la distanza da A a B in due

ore, e percorre la distanza inversa, da B a A, sempre in due ore.

Secondo la definizione di Einstein, due orologi sono sincronizzati se:

$$t_B - t_A = t'_A - t_B$$

Nella formula di Einstein, sostituiamo i momenti del tempo con i loro valori numerici e otteniamo l'espressione:

10-8=12-10

Si ottiene:

2=2.

L'uguaglianza è vera, quindi gli orologi sono sincronizzati. Tutto è molto semplice e il lettore è convinto che eventuali commenti non siano necessari.

Sfortunatamente, non è vero.

Ora tu ed io, caro lettore, analizzeremo attentamente il metodo di Albert Einstein.

Albert Einstein dice quanto segue:

Sia proprio in un momento t_A relativo al "tempo A" che un raggio di luce è diretto da A a B, in un momento t_B relativo al "tempo B", viene riflesso da B a A, e in un momento t'_A relativo al "tempo A", ritorna indietro a A.

Da quanto detto segue che quando il raggio arriva al punto B, deve riflettere dal punto B, e cominciare a muoversi nella direzione opposta, al punto A. Albert Einstein non ha spiegato come viene riflesso un raggio di luce. Einstein non mostrò un modo specifico in cui la luce si rifletterebbe e comincerebbe a muoversi da un punto B all'altro A.

Sappiamo tutti che il modo più semplice per riflettere la luce è attraverso uno specchio.

Ad esempio, nell'articolo di G. B. Malinin ("Sulle possibilità di verifica sperimentale del secondo postulato della teoria della relatività ristretta" Uspekhi fiziziknih Nauk, 2004, volume 174.) è scritto che la riflessione della luce è effettuata da un specchio.

Pertanto, decidiamo anche di utilizzare uno specchio. A tale scopo, posizioniamo uno specchio nel punto B. La superficie riflettente dello specchio è orientata verso il punto A.

Per renderlo abbastanza chiaro, vedere la Figura 1.

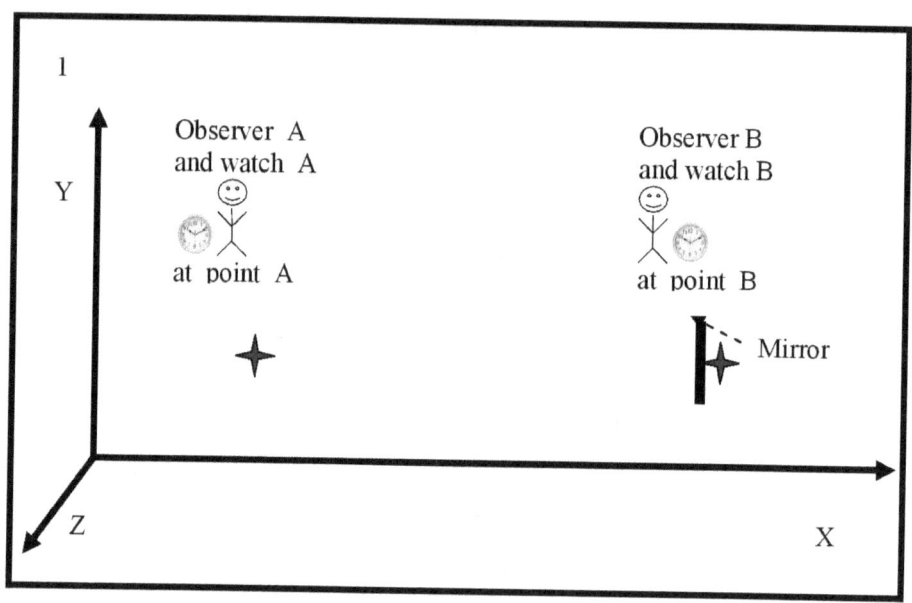

La figura 1 mostra:

Sistema di coordinate XYZ.

Punto A in cui si trova un osservatore A munito di orologio A.

Punto B in cui si trova un osservatore B munito di orologio B. Uno specchio è posto davanti al punto B, che può riflettere un raggio di luce.

punto A e il punto B sono contrassegnati dal simbolo "✦".

Gli orologi a punto A e punto B sono gli stessi. Quando gli orologi sono uguali, si presume che misurino lo stesso tempo.

osservatore A non sa come si muovono le lancette dell'orologio di un osservatore B.

Al contrario, un osservatore B non sa come si muovono

IL PRIMO ERRORE DI EINSTEIN

le lancette dell'orologio di un osservatore A. Gli orologi devono essere sincronizzati.

Albert Einstein propose di sincronizzare il movimento delle lancette dei due orologi utilizzando un raggio di luce. Il metodo di Albert Einstein dice che un osservatore A invia un raggio di luce a un osservatore B. È possibile utilizzare un laser.

Vedere la figura 2.

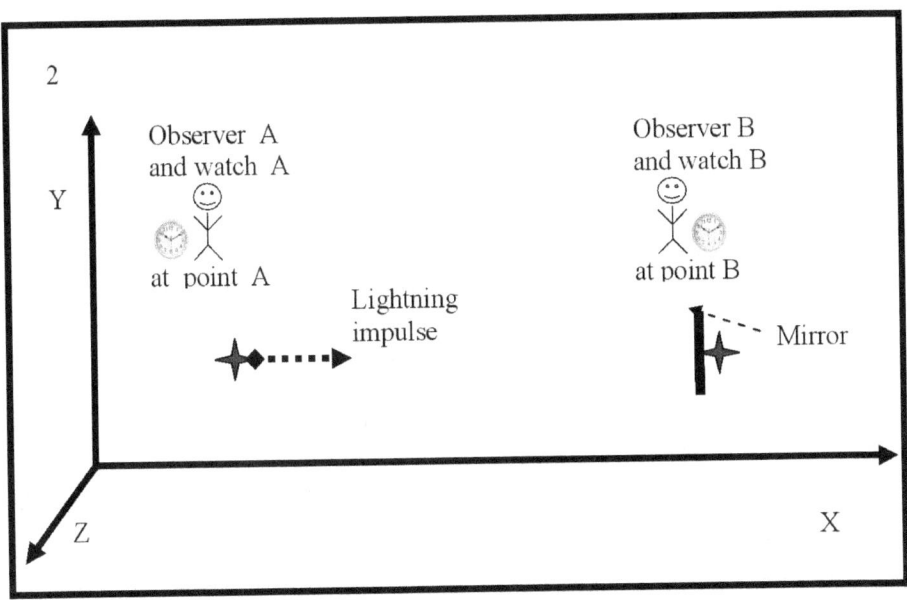

La Figura 2 mostra un impulso di luce laser.

Un impulso luminoso ha un inizio e una fine. L'apparizione dell'inizio dell'impulso luminoso è un evento che accade in un momento nel tempo t_A. L'osservatore A determina il momento nel tempo t_A per mezzo del suo orologio, che si trova nelle immediate vicinanze di un punto A. L'osservatore a un certo punto A ricorda che l'evento "comparsa dell'inizio dell'impulso luminoso" si è verificato in un determinato momento t_A.

L'impulso luminoso comincia a muoversi verso l'osservatore che si trova nel punto B.

Vedi figura 3.

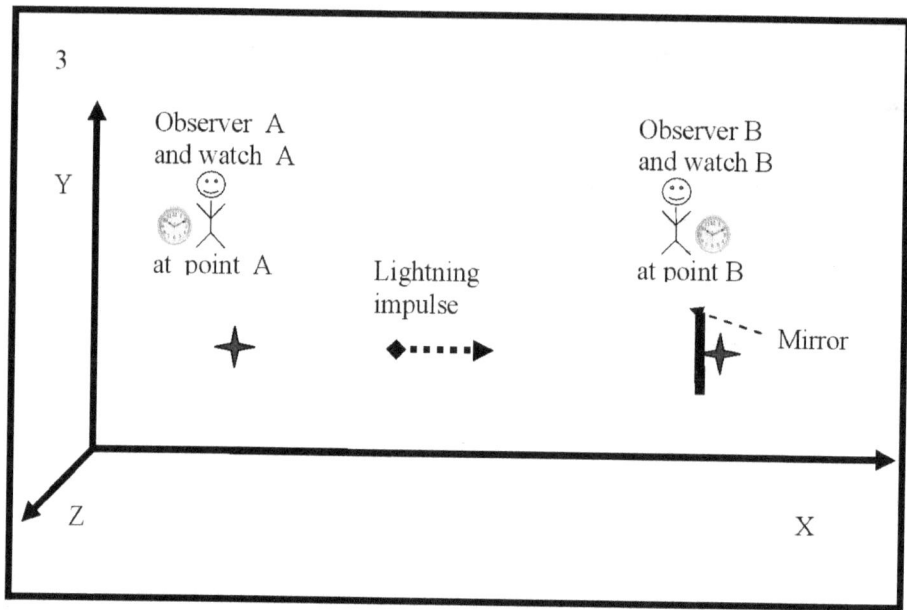

La figura 3 mostra che l'impulso luminoso si trova da qualche parte tra punto A e punto B.

L'osservatore che si trova nel punto A, non può osservare il movimento del raggio di luce. Ma l'osservatore che si trova nel punto A sa (ha informazioni) che il raggio di luce si sta muovendo verso l'osservatore situato nel punto B e che il raggio di luce si rifletterà dallo specchio (che si trova nel punto B) e tornerà indietro puntare A.

L'osservatore al punto A, osserva attentamente le letture del suo orologio, e attende il ritorno del raggio di luce, di nuovo al punto A.

L'impulso luminoso arriva al punto B.
Vedere la figura 4.

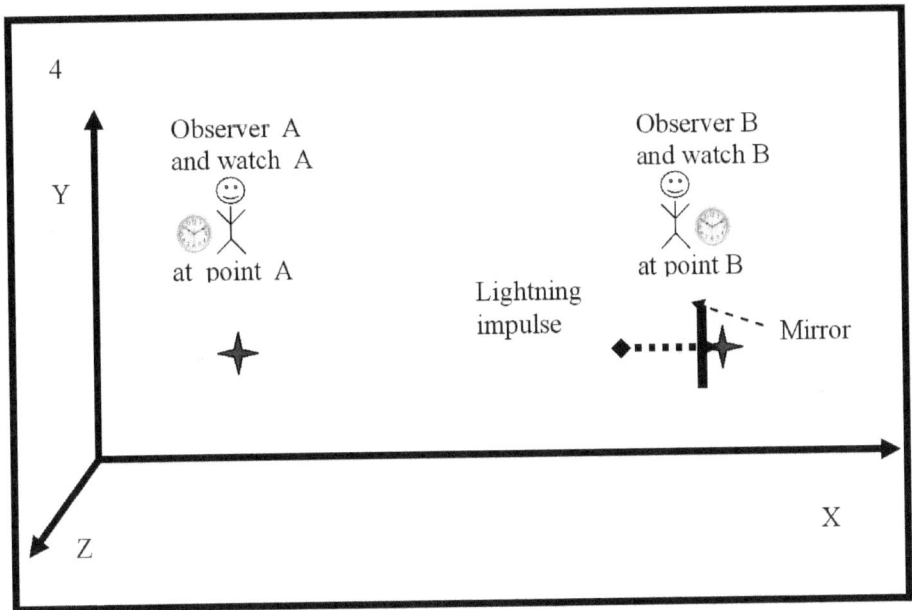

La figura 4 mostra che l'osservatore in un punto B nota l'arrivo dell'impulso luminoso e lo vede riflesso dallo specchio. L'arrivo del raggio luminoso in un punto B e la riflessione del raggio luminoso dallo specchio sono due eventi che si verificano nello stesso momento t_B.

Vedi figura 5.

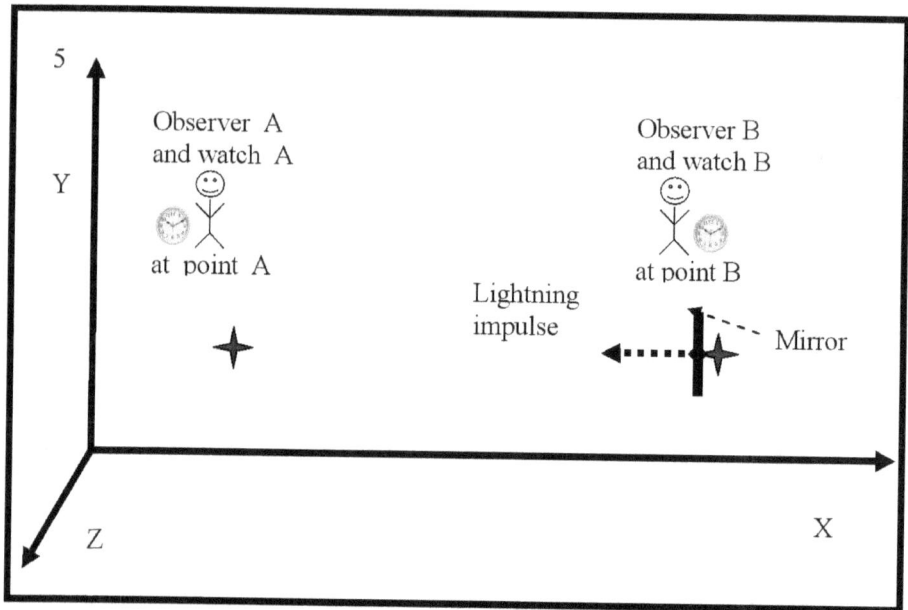

La figura 5 mostra l'arrivo e la riflessione dell'impulso luminoso. L'osservatore a un certo punto B nota che questi due eventi, arrivo e riflessione, si verificano nello stesso istante di tempo t_B. Il momento del tempo t_B, è registrato dalle letture delle lancette dell'orologio, dell'osservatore al punto B. L'osservatore, che si trova nel punto B, ricorda che l'arrivo e la riflessione del raggio luminoso avviene in un momento nel tempo t_B.

L'impulso luminoso viene riflesso dallo specchio e ritorna al punto A in cui si trova l'osservatore A.

Vedi figura 6.

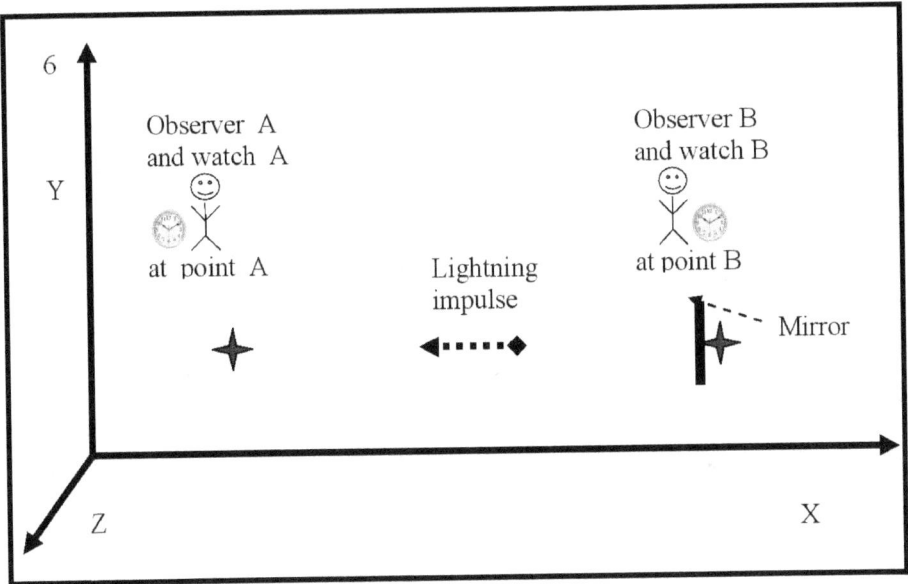

La Figura 6 mostra che l'impulso luminoso si trova da qualche parte tra punto A e punto B. L'osservatore nel punto A, e l'osservatore nel punto B, non possono osservare il movimento dell'impulso luminoso, ma sanno che l'impulso si sposta da un punto B all'altro A

L'impulso luminoso arriva al punto A.

Vedere la figura 7.

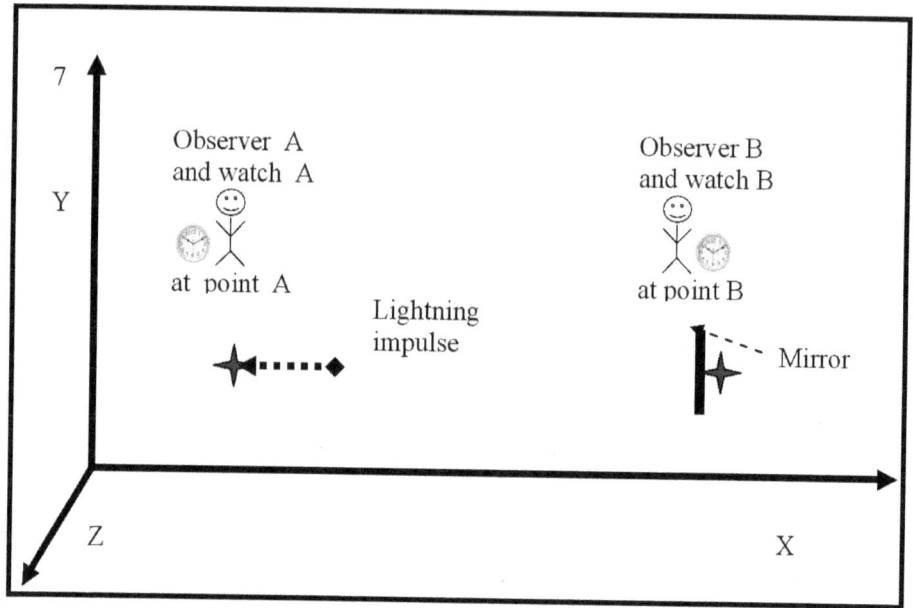

La Figura 7 mostra che l'arrivo dell'impulso nel punto A, è un evento che si verifica. L'osservatore in questione A nota che l'arrivo dell'impulso luminoso avviene in un momento nel tempo t'_A. La misurazione del momento del tempo t'_A viene effettuata dalle letture dell'orologio, che si trova nel punto A. L'osservatore ad un certo punto A ricorda l'istante di tempo t'_A, perché l'istante di tempo t'_A, è necessario per sincronizzare i due orologi.

Dopo aver eseguito l'esperimento mentale, emergono quattro risultati importanti.

Primo risultato importante :

L'osservatore in un punto A conosce **il** valore numerico dell'istante in t_A cui l'impulso luminoso ha lasciato il punto A e **conosce** il valore numerico dell'istante in t'_A cui l'impulso luminoso è tornato al punto A.

Un secondo importante risultato:

L'osservatore in un punto A non **conosce** il valore numerico dell'istante di tempo t_B in cui l'impulso luminoso è arrivato nel punto B.

Un terzo importante risultato:

L'osservatore in questione B **sa** che l'impulso luminoso è arrivato in un punto B, in un momento nel tempo t_B, registrato da un orologio B.

Quarto risultato importante:

L'osservatore in un punto B non **conosce** il valore numerico dell'istante di tempo t_A in cui l'impulso di luce ha lasciato il punto A, e **non conosce** il valore numerico dell'istante di tempo t'_A in cui l'impulso di luce è tornato al punto A.

Affinché i due orologi siano sincronizzati secondo, deve essere soddisfatta la condizione:

$$t_B - t_A = t'_A - t_B$$

Per scrivere l'espressione matematica, almeno uno dei due osservatori, l'osservatore situato nel punto A, o l'osservatore situato nel punto B, deve **conoscere i tre valori numerici**, agli istanti di tempo t_A, t_B e t'_A.

Purtroppo nessuno dei due osservatori, il primo posto nel punto A, e il secondo posto nel punto B, **conosce i tre valori numerici** degli istanti di tempo t_A, t_B e t'_A.

Vedere Figura 8.

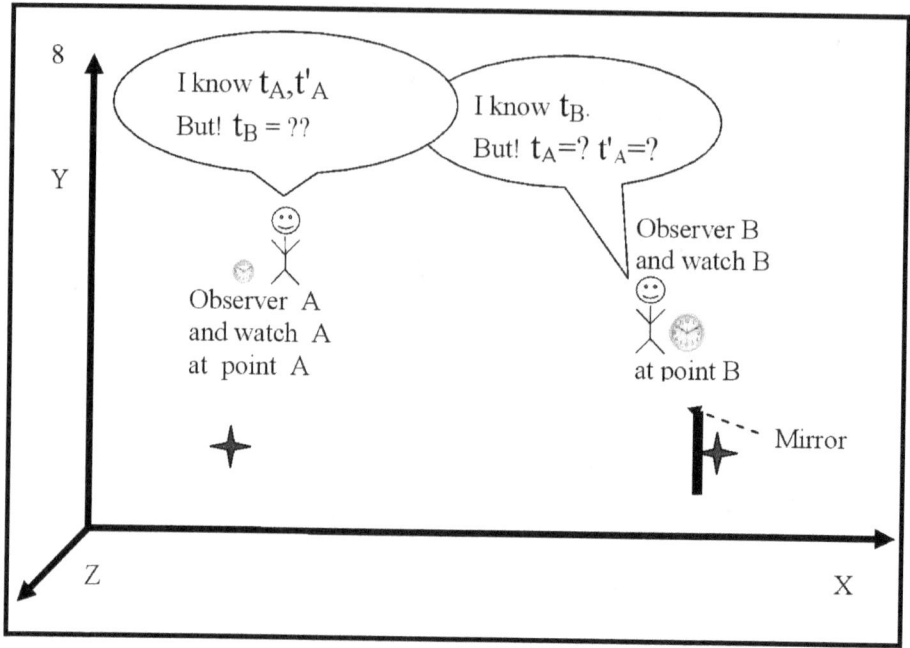

La figura 8 mostra che allora nessuno degli osservatori, il primo situato nel punto A, e il secondo situato nel punto B, può scrivere l'espressione matematica

$$t_B - t_A = t'_A - t_B$$

da cui sono determinati gli intervalli di tempo.

Poiché l'espressione matematica non può essere scritta, ne consegue che gli osservatori non possono calcolare i due intervalli di tempo. Se gli osservatori non possono calcolare i due intervalli di tempo, non possono sincronizzare i due orologi.

Abbiamo fatto un'analisi e il risultato dell'analisi è che Albert Einstein ha commesso un terribile errore e il suo metodo per dimostrare il funzionamento sincrono di due orologi era sbagliato.

Si pone la domanda, Albert Einstein ha davvero commesso un errore? Forse noi, nella nostra analisi, abbiamo confuso qualcosa?

La nostra analisi e la conclusione che abbiamo tratto sono corrette. Se il metodo di Albert Einstein utilizzasse uno specchio per riflettere l'impulso luminoso, gli orologi non potrebbero essere sincronizzati.

Il problema è che Albert Einstein non ha spiegato in dettaglio, in dettaglio, come funziona il mentale un esperimento. I dettagli sono molto importanti quando si conduce un esperimento mentale, ma sfortunatamente Albert Einstein non ha prestato attenzione a questo fatto.

In questa situazione, dobbiamo pensare e considerare ciò che Albert Einstein voleva dire. Quando comprendiamo l'idea di Albert Einstein, dobbiamo cambiare il modo, il metodo di sincronizzare i due orologi, e analizzare nuovamente i risultati.

Abbiamo già capito che l'osservatore situato nel punto A, conosce t_A, e t'_A, ma non conosce l'istante di tempo t_B, e non può calcolare i due intervalli di tempo e mostrare che sono uguali.

La domanda sorge spontanea: come A farà l'osservatore a capire il valore numerico del momento t_B?

L'osservatore A può comprendere il valore numerico del momento di veme t_B, dell'orologio posto in un punto B, osservando direttamente il quadrante dell'orologio posto in un punto B. Forse è stata un'idea di Albert Einstein? In tal caso, il raggio di luce inviato dall'osservatore A all'osservatore B deve illuminare il quadrante dell'orologio situato nel punto B, ed essere riflesso dal quadrante dell'orologio B. La luce riflessa dal quadrante di un orologio B tornerà all'osservatore A e l'osservatore A vedrà le lancette di un orologio B. Quindi al punto B, non ci deve essere uno specchio. L'orologio di un osservatore dovrebbe essere posizionato al posto dello specchio B.

Ora mostreremo, attraverso diverse figure, in dettaglio e in dettaglio, passo dopo passo, l'essenza del nuovo esperimento mentale.

Vedere Figura 9.

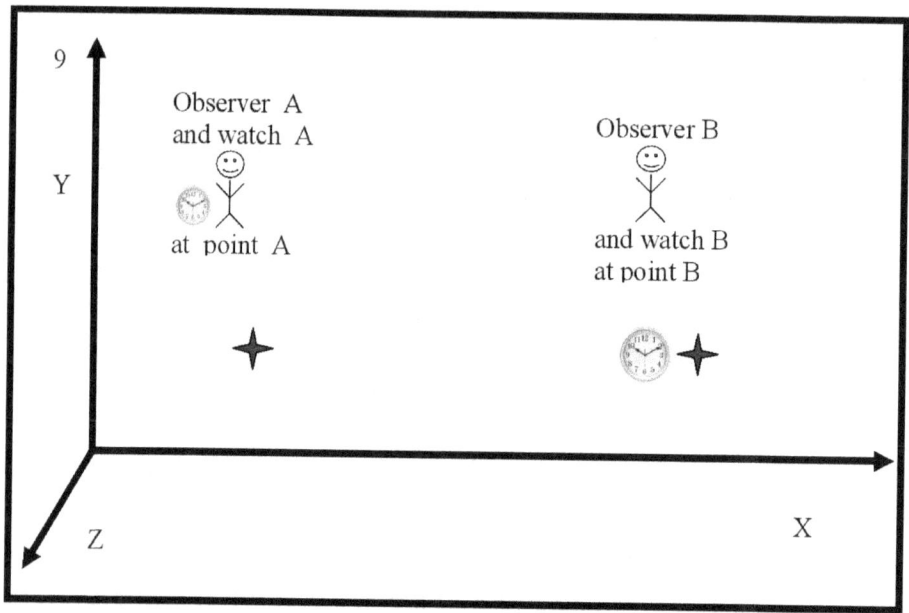

Nella figura 9 sono mostrati i due osservatori. Il primo osservatore si trova nelle immediate vicinanze del punto A. Accanto all'osservatore c'è un orologio A. Il secondo osservatore si trova nelle immediate vicinanze del punto B. L'orologio di un B osservatore si trova davanti a un punto B. L'orologio dell'osservatore B si trova al posto dello specchio. Il quadrante dell'orologio B è rivolto verso un osservatore A. Quando il quadrante di un orologio B è puntato su un punto A, l'impulso luminoso illuminerà il quadrante e si rifletterà su un osservatore A.

Il nuovo esperimento è condotto in modo diverso. Le condizioni di partenza sono diverse. La differenza principale è che l'osservatore che si trova in un punto A deve vedere il posizionamento delle lancette dell'orologio che si trova in un punto B. Ciò accadrà quando l'inizio del raggio di luce arriva a un orologio B, illumina il quadrante di un orologio B e viene riflesso verso un osservatore A e arriva a un osservatore A.

Al momento dell'illuminazione, le frecce mostreranno il valore numerico dell'istante t_B.

La domanda sorge spontanea: come si può fare in modo che un osservatore A possa vedere il momento esatto dell'illuminazione del quadrante di un orologio B?

La risposta è facile. Ciò significa che l'esperimento deve essere condotto al buio. Pertanto, quando conduciamo l'esperimento mentale, "spegniamo le luci".

Vedere la figura 10.

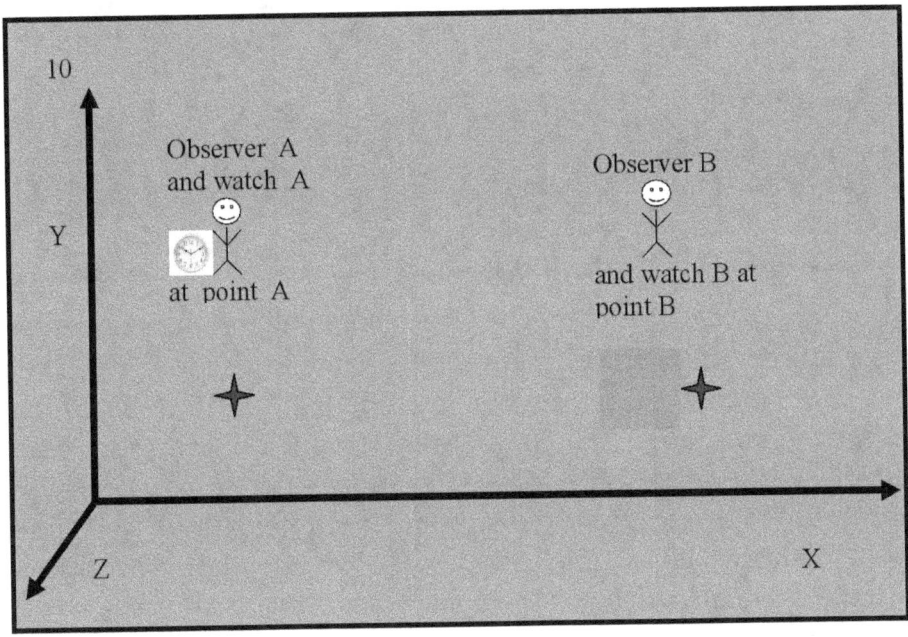

La figura 10 mostra che l'osservatore situato nel punto A, vede le lancette del suo orologio A, che è leggermente illuminato, ma non vede le lancette dell'orologio situato nel punto B, perché è scuro.

L'osservatore situato in un punto B non vede le lancette del suo orologio B.

Un osservatore A invia un raggio di luce a un osservatore B.

Guarda la figura 11.

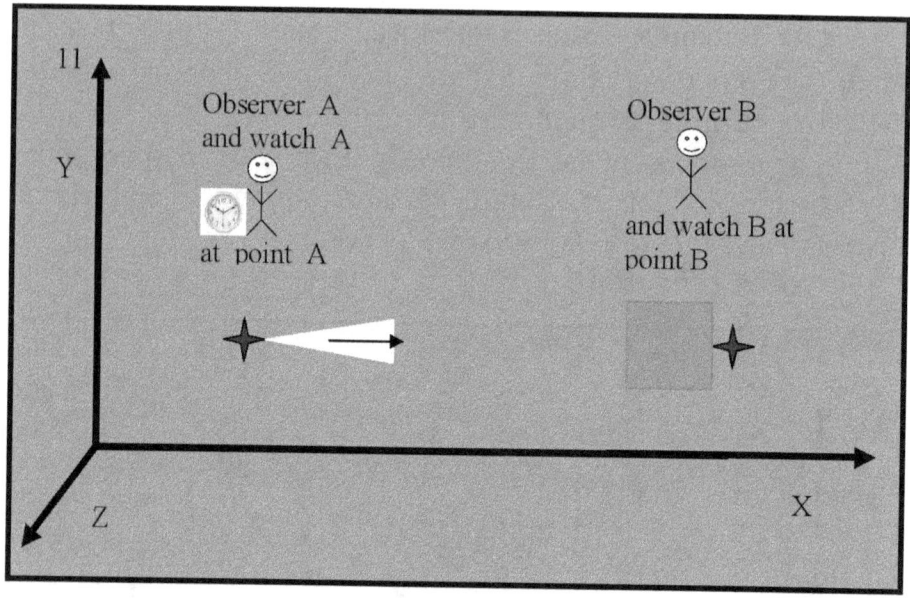

La Figura 11 mostra che la sorgente dell'impulso luminoso proviene da una torcia puntata verso l'orologio B.

Dobbiamo ricordare che quando fu condotto il primo esperimento mentale, la sorgente dell'impulso luminoso era un laser. La differenza tra l'impulso luminoso di un laser e l'impulso luminoso di una torcia è un fattore molto importante.

L'inizio del raggio laser viene riflesso dallo specchio e rimbalza indietro. L'inizio del raggio laser non porta informazioni sulla lettura dell'orologio nel punto B. L'inizio del raggio di luce della torcia, quando viene riflesso da un orologio B, porta informazioni sulle letture dell'orologio nel punto B.

Vedremo che è questa differenza, tra la luce del laser e la luce della torcia, che cambia il metodo di sincronizzazione dei due orologi.

L'inizio dell'impulso luminoso è un evento che accade in un determinato momento t_A. L'osservatore A determina il momento t_A attraverso il suo orologio, che si trova nelle immediate vicinanze del punto A. L'osservatore al punto A, ricorda che l'evento "comparsa dell'inizio dell'impulso luminoso" è avvenuto in un momento nel tempo t_A.

Il raggio di luce inizia a muoversi verso l'osservatore, che si trova nel punto B. L'origine del raggio di luce si trova da qualche parte tra punto A e punto B.

Vedi figura.12 .

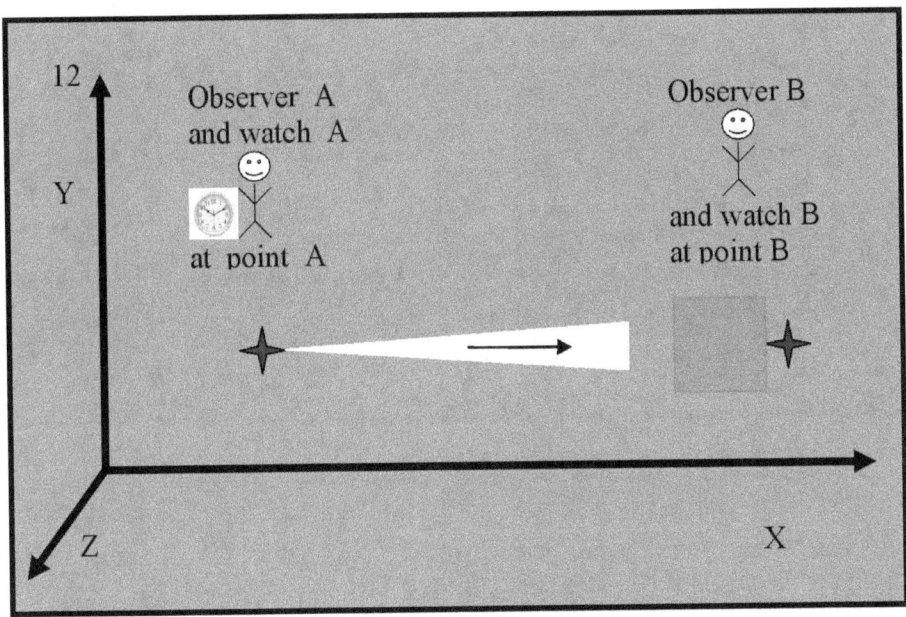

La figura 12 mostra che l'osservatore nel punto A, non può osservare il moto dell'origine del raggio luminoso. Ma l'osservatore, che si trova nel punto A, ha informazioni che l'inizio del raggio di luce si sta muovendo verso l'osservatore situato nel punto B e che l'inizio del raggio di luce sarà riflesso dal quadrante dell'orologio situato nel punto B e che esso tornerà al punto A.

L'inizio del raggio di luce arriva a point B, e illumina il quadrante dell'orologio, che è posto davanti a point B.

Vedere la figura 13

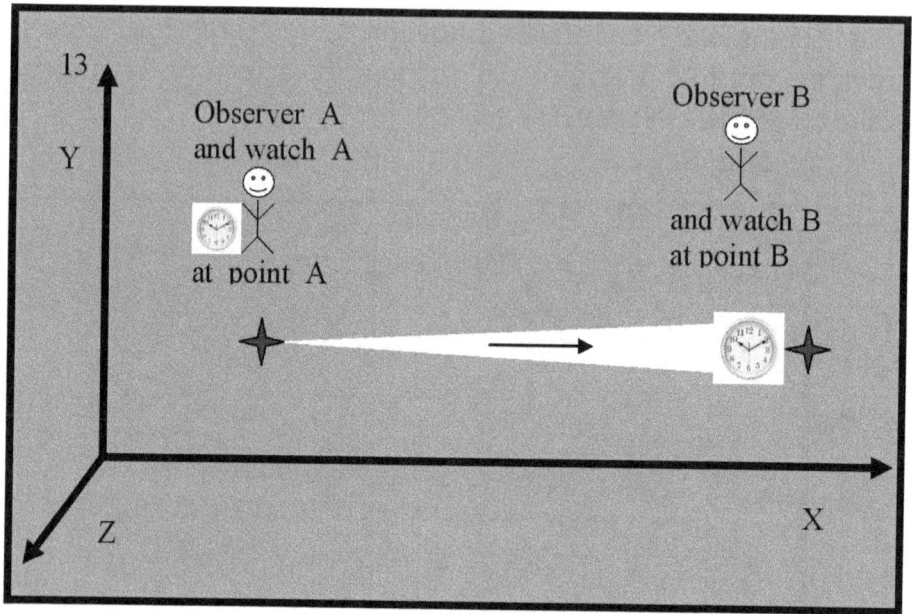

La Figura 13 mostra che quando il bordo anteriore del raggio di luce illumina il quadrante dell'orologio B, l'osservatore in quel punto B vedrà il quadrante dell'orologio B. L'osservatore situato in un punto B vedrà il posizionamento delle lancette dell'orologio B. Le frecce mostreranno il momento del tempo t_B.

L'arrivo del raggio di luce nel punto B, l'illuminazione del quadrante dell'orologio e il riflesso del raggio di luce dall'orologio sono tre eventi che si verificano nello stesso momento nel tempo t_B. L'osservatore a un certo punto B nota che questi tre eventi, vale a dire arrivo, illuminazione e riflessione, si verificano nello stesso momento nel tempo t_B. L'osservatore che si trova in un punto B ricorda che l'arrivo, l'illuminazione e la riflessione del raggio luminoso avvengono in un momento nel tempo t_B.

E' molto importante capire e ricordare che quando l'osservatore posto in un punto B vede le lancette dell'orologio illuminato posto in un punto B che indica il momento t_B, in quel preciso istante l' t_B osservatore posto in un punto A non vede le lancette dell'orologio posto ad un certo punto B. L'osservatore A guarda l'orologio B, ma vede l'oscurità. Questo perché il raggio di luce che viene riflesso dall'orologio B non è ancora arrivato all'osservatore A.

Vedere Figura 14.

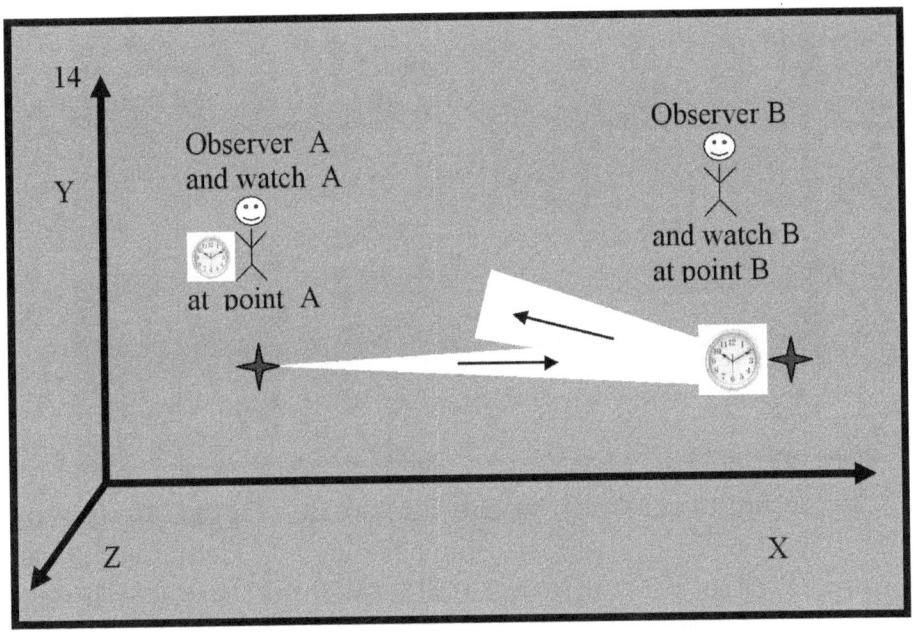

La Figura 14 mostra che l'origine del raggio di luce è da qualche parte tra i due osservatori.

Quando il raggio riflesso arriva a un osservatore A, solo allora vedrà l'illuminazione dell'orologio in quel punto B.

Ancora una volta dirò che il riflesso del raggio di luce dal quadrante dell'orologio situato nel punto B, è un elemento molto importante dell'esperimento che stiamo conducendo. Il riflesso di un raggio di luce da un quadrante dell'orologio è fondamentalmente diverso rispetto al riflesso di un raggio laser da uno specchio.

Questo perché, dopo la riflessione dal quadrante dell'orologio B, l'inizio del raggio di luce porta l'immagine luminosa del quadrante dell'orologio illuminato situato nel punto B.

Vedere Figura 15.

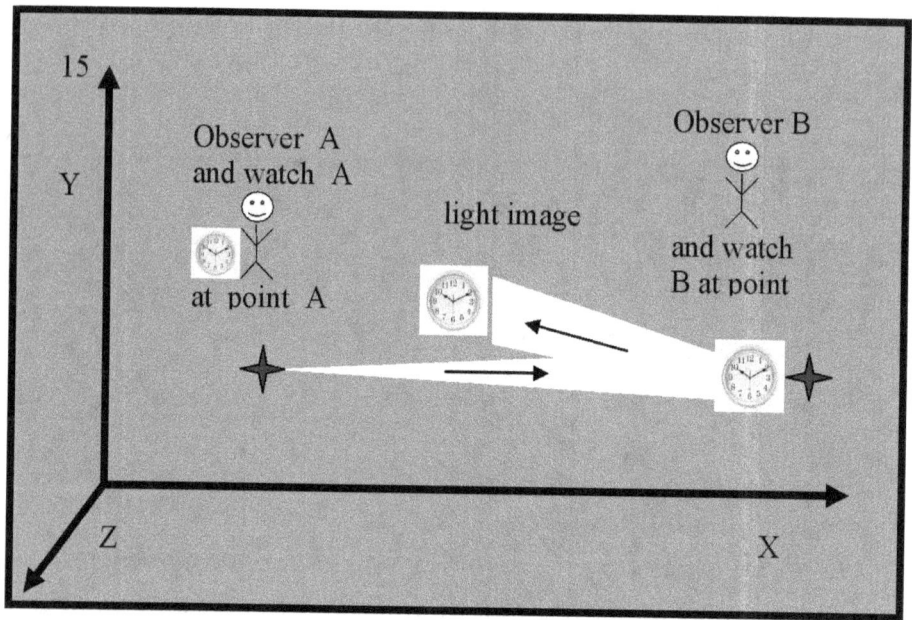

La figura 15 mostra che l'inizio del raggio di luce ha "ricordato" come sono posizionate le lancette dell'orologio nel punto B. Questa è la principale differenza tra i due esperimenti mentali che stiamo analizzando. Nel primo esperimento, l'impulso luminoso proveniva da un laser che veniva riflesso da uno specchio e non trasportava un'immagine luminosa. L'impulso di luce laser riflessa è un semplice bagliore luminoso.

Questo fatto è molto importante, ecco perché dovrebbe essere compreso e ricordato che nel secondo esperimento, l'inizio di un raggio di luce porta *informazioni* sulla posizione delle lancette dell'orologio situato nel punto B. Si tratta di *informazioni* sul valore quantitativo e numerico di un momento nel tempo t_B.

L'impulso luminoso si trova da qualche parte tra punto A e punto B. L'osservatore nel punto A, e l'osservatore nel punto B, non possono osservare il movimento dell'impulso luminoso, ma sanno che l'impulso si sposta da un punto B all'altro A e che trasporta l'immagine luminosa del quadrante illuminato dell'orologio situato nel punto B.

Vedere Figura 16.

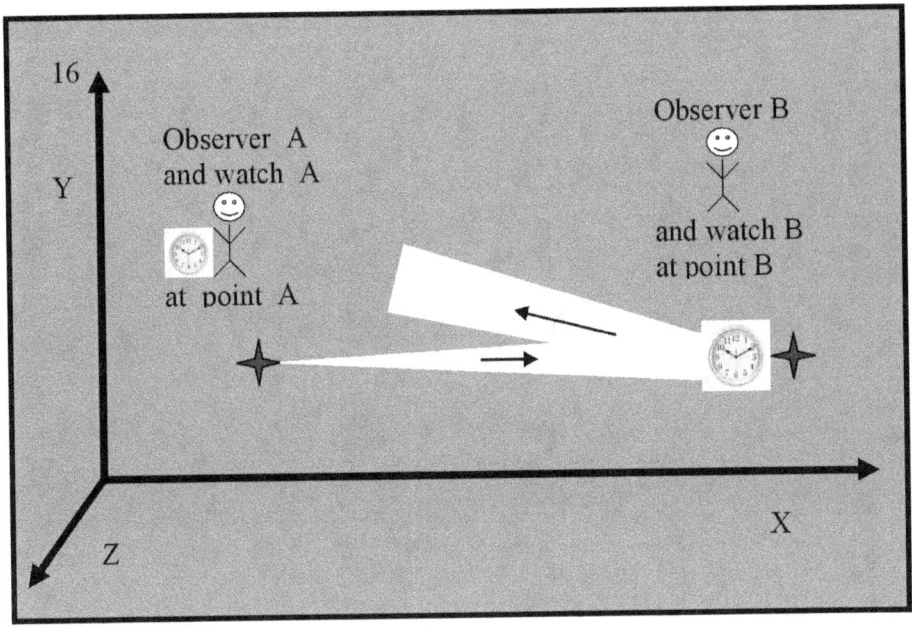

Nella Figura 16, l'immagine luminosa del quadrante dell'orologio illuminato situato nel punto , non è mostrata B, ma gli osservatori e noi sappiamo che c'è.

L'impulso luminoso arriva al punto A.
Vedere Figura 17.

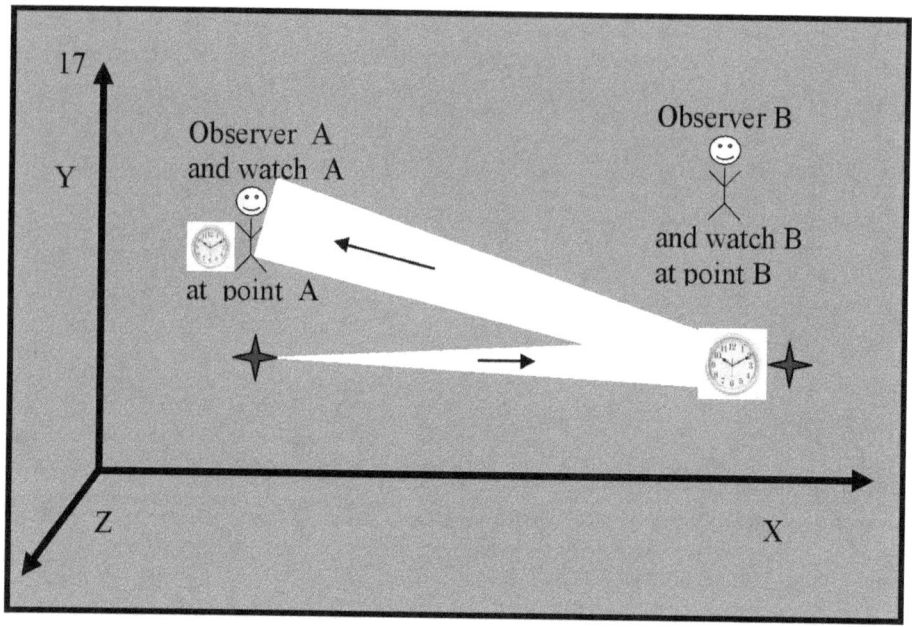

La Figura 17 mostra che quando l'impulso di luce arriva a un osservatore A, questi vedrà l'immagine luminosa del quadrante dell'orologio situato nel punto B. L'inizio dell'impulso luminoso indica la posizione delle lancette dell'orologio nel punto B. La posizione delle lancette su un orologio B indica il momento nel tempo t_B. Quando l'osservatore situato nel punto A, vede la posizione delle lancette di un orologio B, accetterà **informazioni** sul valore quantitativo, che è il valore numerico dell'istante di tempo t_B.

Questo sta accadendo proprio adesso t'_A. Il tifoso in questione A rileva che l'arrivo dell'impulso luminoso, e la ricezione dell'informazione, avviene all'ora t'_A. La misurazione del momento nel tempo t'_A viene conteggiata dalle letture dell'orologio, che si trova nel punto A. L'osservatore in questione A ricorda l'istante t'_A perché l'istante t'_A è necessario per poter sincronizzare i due orologi

Quello che abbiamo detto è molto importante. Va compreso

e ricordato che:

In un determinato momento t'_A, un osservatore A riceve informazioni sull'ora t_B.

L'esperimento mentale di sincronizzare i due orologi è completo. Dopo aver eseguito l'esperimento mentale, l'osservatore A e l'osservatore B ricevono i seguenti risultati:

Risultati dell'osservatore B:

Primo.

L'osservatore in un punto B sa che l'impulso luminoso è arrivato in un punto B, in un istante di tempo t_B, e riflesso dallo specchio in un istante di tempo t_B, registrato dal suo orologio.

Secondo.

L'osservatore in un punto B non conosce il valore numerico dell'istante di tempo t_A in cui l'impulso di luce ha lasciato il punto A, e non conosce il valore numerico dell'istante di tempo t'_A in cui l'impulso di luce è tornato al punto A. Affinché i due orologi siano sincronizzati (secondo Albert Einstein), deve essere soddisfatta la condizione:

$$t_B - t_A = t'_A - t_B$$

Per poter scrivere l'espressione matematica, l'osservatore situato nel punto B, deve conoscere i tre valori numerici degli istanti di tempo t_A, t_B e t'_A.

Un osservatore B non conosce i tre valori numerici degli istanti di tempo t_A, t_B e t'_A. Pertanto, un osservatore B non può sincronizzare i due orologi.

Risultati dell'osservatore A:

L'osservatore in un punto A conosce il valore numerico del tempo t_A in cui l'impulso luminoso ha lasciato il punto A.

L'osservatore in un punto A conosce il valore numerico

dell'istante di tempo t_B in cui l'impulso luminoso è arrivato nel punto B.

L'osservatore in un punto A conosce il valore numerico del tempo t'_A in cui l'impulso luminoso è tornato nel punto A.

Albert Einstein disse che affinché i due orologi siano sincronizzati, deve essere soddisfatta la condizione:

$$t_B - t_A = t'_A - t_B$$

Un osservatore A conosce i tre valori numerici degli istanti di tempo t_A, t_B e t'_A.

L'osservatore A scrive l'equazione, la risolve, e secondo Albert Einstein questo è sufficiente, e gli orologi sono sincronizzati. L'esperimento che stiamo conducendo si è concluso con successo.

È davvero così?

La risposta a questa domanda è: no!

La conclusione che l'esperimento è stato completato con successo non è vera. Mostreremo ora che gli orologi potrebbero non essere sincronizzati.

Secondo il metodo di Albert Einstein, l'istante di tempo t_B, deve trovarsi nel mezzo dell'intervallo, tra t_A e t'_A, e quindi gli orologi sono sincronizzati. Ricordiamo l'esperimento con i numeri specifici dei momenti del tempo:

Le otto meno dieci sono le due e le dieci meno dodici sono le due. Il dieci è nel mezzo dell'intervallo dalle otto alle dodici, e quindi gli orologi sono sincronizzati. Per Albert Einstein, questa è la cosa più importante.

Ma affermiamo che:

Dieci possono **essere** nel mezzo dell'intervallo e gli orologi **possono non sono** sincronizzati.

E quello:

dieci potrebbe **non essere** nel mezzo dell'intervallo e gli orologi **sono** sincronizzati.

Cos'è questo mistero e come è possibile?!

È possibile perché abbiamo dimenticato un fatto molto importante:

In un punto nel tempo t'_A**, un osservatore** A **riceve informazioni sul punto nel tempo** t_B **da** un altro orologio.

Ottenere **informazioni** sull'ora t_B da un altro orologio cambia l'intero metodo di sincronizzazione.

Scriveremo ancora una volta l'esempio numerico.

L'impulso luminoso inizia alle otto, **secondo entrambi gli orologi**, arriva alle dieci, **secondo entrambi gli orologi**, e ritorna alle dodici, **secondo entrambi gli orologi**.

La più importante è concentrata nel termine "**secondo i due orologi**".

Ciò significa che un osservatore, A o un osservatore B, deve **vedere una coincidenza del verificarsi degli eventi**. Ci sono tre partite.

Prima partita:
Coincidenza dell'evento, verificatosi all'ora delle otto secondo A, con l'evento, verificatosi all'ora delle otto secondo B.

Seconda partita:
Coincidenza dell'evento, che si verifica in un momento delle ore dieci secondo A, con l'evento, che si verifica in un momento delle ore dieci secondo B.

Terza partita:
Coincidenza dell'evento, che si verifica in un momento alle dodici secondo A, con l'evento che si verifica in un momento alle dodici secondo B.

Se un osservatore, A o osservatore B, non può vedere le tre coincidenze degli eventi, gli orologi non possono sincronizzarsi.

Affermiamo che:

Quando un osservatore A, o un osservatore B, riceve **informazioni** sul verificarsi di un evento, allora l'osservatore non può osservare la **coincidenza** del verificarsi di questo evento con il verificarsi di un altro evento.

La coincidenza dell'accadere è possibile solo e soltanto con **il "diretto" monitoraggio**. Sorge qui una domanda molto importante: cosa significa **osservazione diretta**? Einstein non si è posto questa domanda e non ha analizzato il fenomeno dell **"'osservazione diretta"**. L'analisi è necessaria, soprattutto quando si tratta della scienza della meccanica quantistica, dove i momenti del tempo sono molto vicini tra loro e gli intervalli di tempo sono molto piccoli.

In breve, l'osservatore non può sincronizzare i due orologi.

Ora condurremo ancora una volta l'esperimento, con attenzione, senza fretta, e faremo un'analisi dettagliata.

Per chiarire, vedere la figura 18.

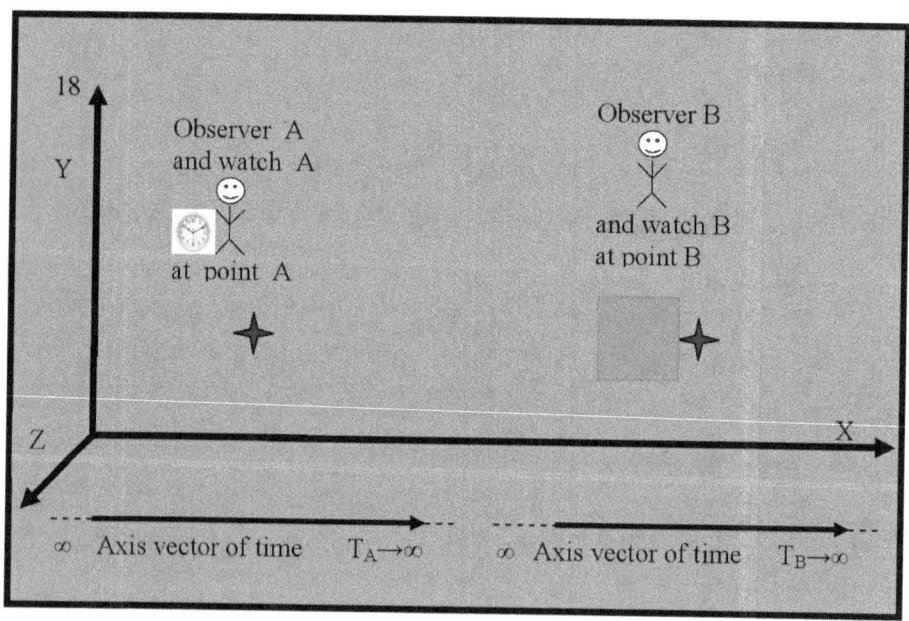

Nella figura 18, viene mostrato un osservatore A che vede un orologio A ma non vede un orologio B perché l'orologio B non è illuminato. Un osservatore B situato nel punto B, che non vede un orologio B perché l'orologio B non è illuminato.

Nella parte inferiore della figura sono mostrati due vettori. Questi sono gli assi coordinati del tempo. L'asse del tempo a sinistra mostrato secondo la figura mostra come cambia l'ora dell'orologio A, quello a destra mostra come cambia l'ora dell'orologio B. I due assi del tempo hanno iniziato il loro inizio, nell'infinito lontano passato, e continueranno a crescere, nell'infinito lontano futuro. I due assi del tempo sono indipendenti l'uno dall'altro perché provengono da due orologi indipendenti, clock A e clock B. Sugli assi segneremo gli istanti di tempo di clock A e clock B.

In questo modo confronteremo gli istanti di tempo tra osservatore A e osservatore B. Saremo in grado di capire quale momento nel tempo vede un osservatore A quando un osservatore B guarda il suo orologio, e viceversa quale momento vede un osservatore B quando un osservatore A vede il suo orologio.

Un osservatore A invia un raggio di luce a un osservatore B.

La fonte del raggio di luce proviene da una torcia, che è puntata sull'orologio situato nel punto B.

L'apparizione dell'inizio del raggio di luce è un evento che accade in un determinato momento t_A. L'osservatore A determina il momento del tempo t_A per mezzo del suo orologio, che si trova in prossimità del punto A.

Il valore numerico dell'istante di tempo t_A, viene riportato sull'asse delle coordinate sul vettore tempo, di un orologio A. L'osservatore a un certo punto A ricorda che l'evento "comparsa dell'inizio dell'impulso luminoso" si è verificato in un determinato momento t_A.

Vedere Figura 19.

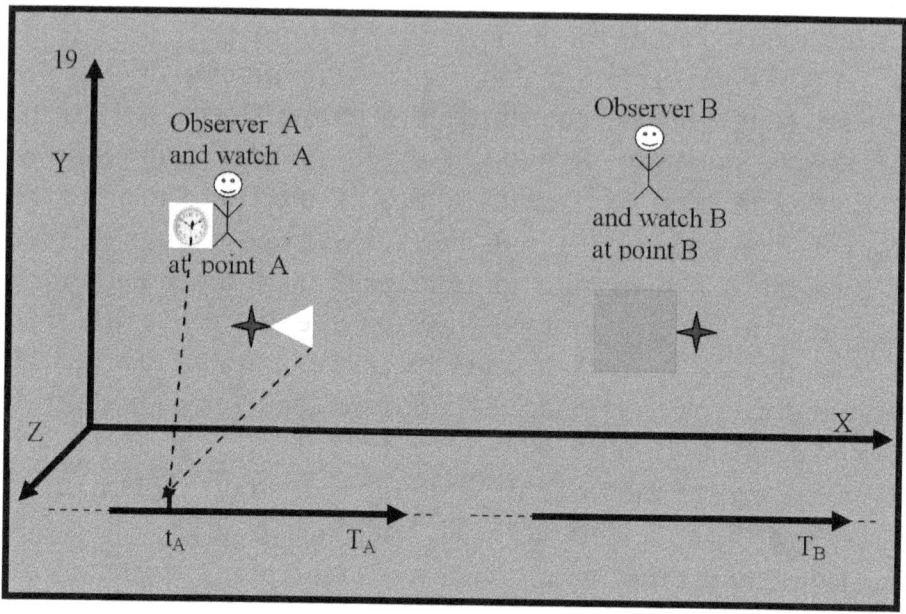

In Figura 19 sono visibili due frecce tratteggiate, che indicano l'istante del tempo t_A. La prima freccia va dall'orologio A all'ora corrente t_A. Questa è la lettura dell'orologio A. La seconda freccia inizia dall'inizio del raggio di luce e termina a t_A e indica che l'inizio del raggio di luce è apparso al momento t_A.

Quando l'orologio di un osservatore A mostra l'ora t_A, allora l'orologio dell'osservatore B mostrerà un proprio tempo, che denotiamo con il simbolo t_{BA}.

Vedere Figura 20

IL PRIMO ERRORE DI EINSTEIN

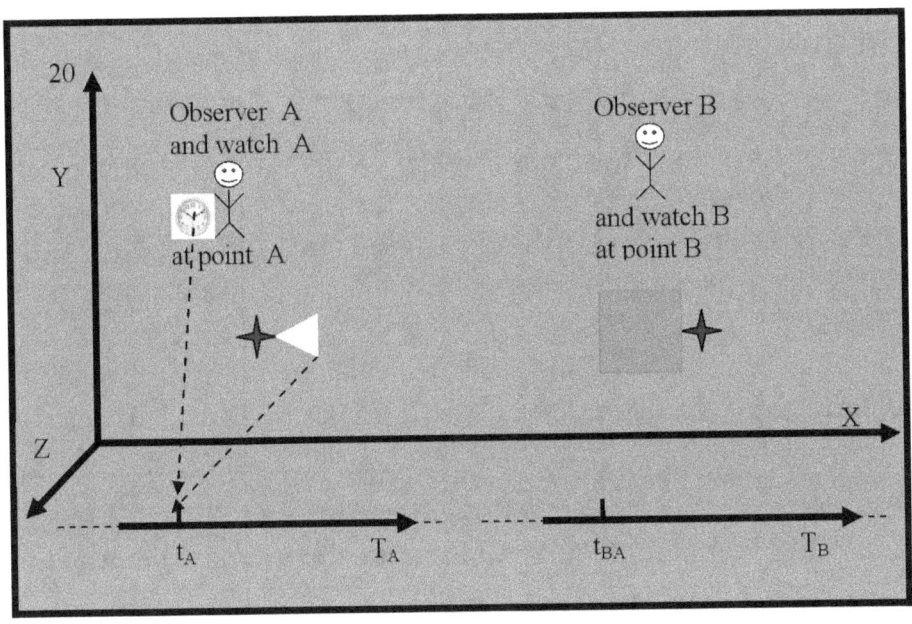

La figura 20 mostra l'istante di tempo t_{BA}, che è sul vettore T_B, dell'orologio B. Se assumiamo che l'orologio B e l'orologio A misurino e mostrino la stessa ora, allora l'istante del tempo t_A deve essere uguale all'istante di tempo t_{BA}.

Sorgono due domande.

La prima domanda è:

Può un osservatore A sapere che l'istante di tempo t_A misurato dal suo orologio A è uguale all'istante di tempo t_{BA} $_{\text{misurato}}$ da un orologio B?

La risposta è no. Questo perché un osservatore A sta guardando l'orologio B, ma lì è buio. È buio perché il quadrante dell'orologio B non è illuminato dal raggio di luce. Quando il raggio di luce arriva ad un orologio B, e si riflette sul quadrante di un orologio B, e ritorna ad un osservatore A, solo allora l' osservatore A vedrà l'istante del tempo t_{BA} sull'orologio B.

Quando un osservatore A vede momento t_{BA} dell'orologio B, guarderà il suo orologio e confronterà t_{BA} l' B ora dell'orologio con l'ora del suo orologio A. Il suo orologio A mostrerà un'altra ora che non è uguale all'ora attuale t_{BA}. Questo perché la luce viaggia a una velocità di trecentomila chilometri al secondo, e percorre la distanza da un punto B all'altro A in un intervallo di tempo reale. Questo intervallo reale è un ritardo che mostra l'orologio A.

Osservatore A, non può osservare il verificarsi dei due eventi, non può osservare il verificarsi degli istanti di tempo, non può confrontare i due istanti di tempo t_A e t_{BA}, non può osservare una coincidenza di eventi che si verificano, e non può affermare inequivocabilmente che in questo modo, lui, l'osservatore, sincronizza i due orologi.

La seconda domanda è:

Può un osservatore B sapere che t_A è uguale a t_{BA} ?

La risposta è no. Questo è impossibile perché un Osservatore B vede l'orologio di un osservatore A che è leggermente illuminato, ma non vede l'evento "partenza del raggio di luce" dal punto A, perché l'inizio del raggio di luce è ancora da qualche parte tra punto A e punto B.

L'inizio del raggio di luce e la lettura dell'orologio A, per l'istante di tempo t t_A, si spostano insieme.

Vedere Figura 21.

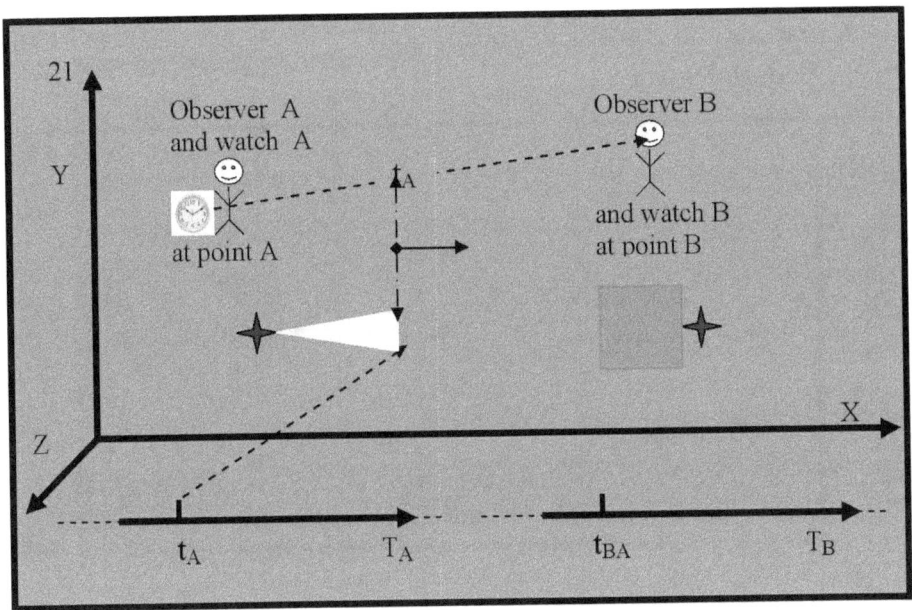

La figura 21 mostra che l'immagine luminosa dell'orologio A si sposta sulla freccia tratteggiata che collega l'orologio A all'osservatore B.

Un osservatore B vedrà l'evento di "partenza del raggio di luce" solo quando l'inizio del raggio di luce arriva a un osservatore B e illumina il quadrante di un orologio B.

L'importante è che un osservatore B non possa vedere la coincidenza dell'evento "momento di tempo t_A sull'orologio A" con l'evento "momento di tempo t_{BA} sull'orologio B".

L'osservatore B non può dire se t_A è uguale a t_{BA} e non può determinare l'istante del tempo t_{BA}.

Il momento del tempo t_{BA} non può essere determinato dai due osservatori. Pertanto, nelle figure seguenti, l'istante di tempo t_{BA} non è mostrato sul vettore orario dell'orologio B.

In questa fase dell'esperimento, gli osservatori non possono sincronizzare i due orologi.

L'impulso luminoso continua a muoversi verso

l'osservatore che si trova nel punto B.
   Vedere Figura 22.

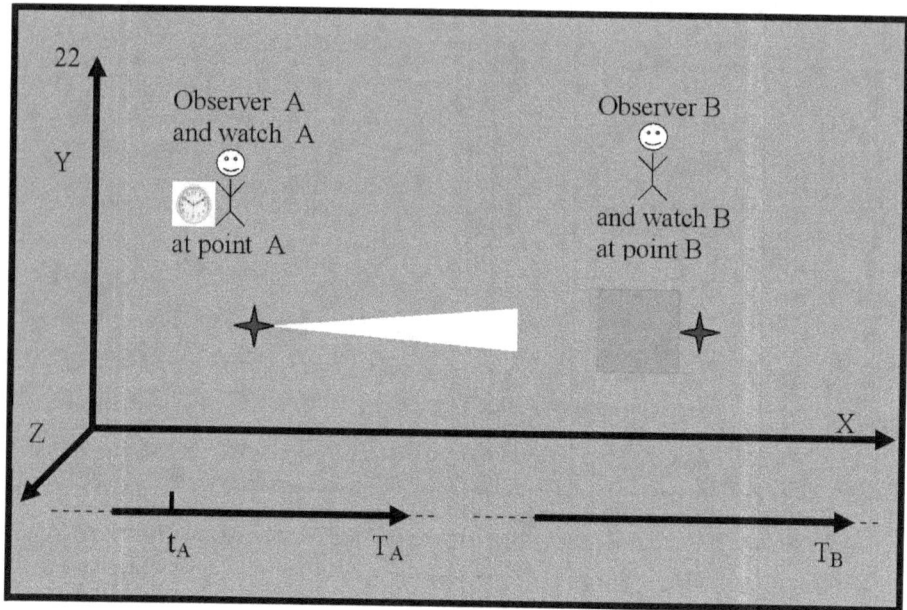

Figura 22 mostra che l'origine dell'impulso luminoso si trova da qualche parte tra punto A e punto B. Un osservatore A e un osservatore B non possono osservare il movimento dell'inizio dell'impulso luminoso. Ma un osservatore B e un osservatore A sanno che l'origine dell'impulso luminoso si sta muovendo verso il punto B. Hanno **informazioni** che il raggio si sta muovendo.

L'inizio del raggio di luce arriva in un punto B e illumina il quadrante dell'orologio B. L'osservatore al punto B, guarda il quadrante illuminato dell'orologio e vede che, secondo il suo orologio, il valore numerico dell'istante di tempo è t_B.

Vedere la figura 23.

IL PRIMO ERRORE DI EINSTEIN

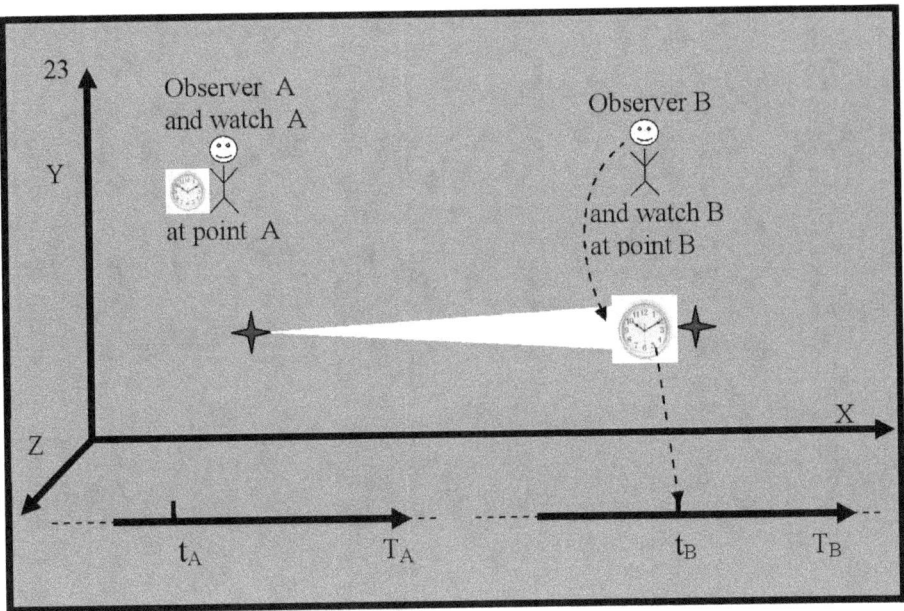

In Figura 23, l'istante del tempo t_B, è mostrato sull'asse del tempo di un orologio B.

Quando un osservatore B, vedi le lancette di un orologio B, che indicano l'istante del tempo t_B, le lancette dell'orologio di un osservatore A, indicheranno un certo istante del tempo t_{AB}.

Vedere la figura 24.

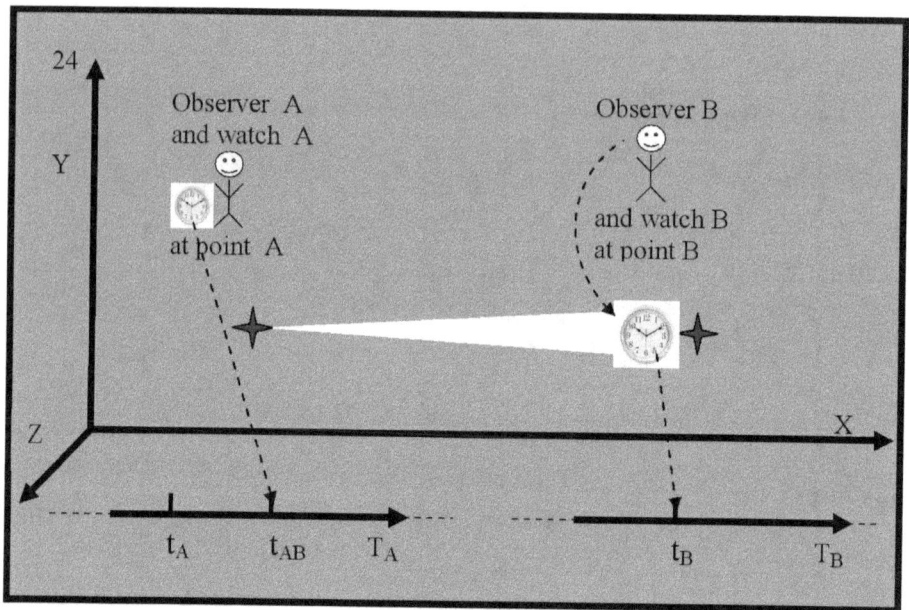

In Figura 24, una freccia tratteggiata indica l'istante di tempo t_{AB} all'orologio A.

Se assumiamo che orologio B e orologio A, misurino e visualizzino la stessa ora, allora, l'istante di tempo t_B, deve essere uguale all'istante di tempo t_{AB}.

Sorgono due domande.

La prima domanda è:

Può un osservatore B, capire che, t_B è uguale a t_{AB}, e vedere una coincidenza dell'evento "che si verifica in un momento nel tempo t_B" con l'evento "che si verifica in un momento nel tempo t_{AB}"?

La risposta è no. Un osservatore B non può vedere le letture delle lancette dell'orologio di un osservatore A che indicano un momento nel tempo t_{AB}.

Vedere la figura 25

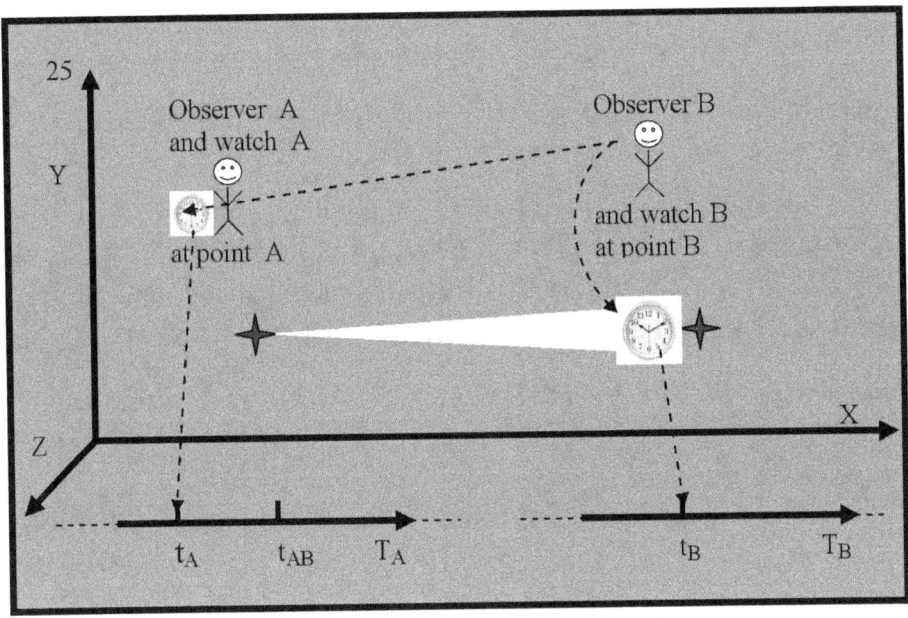

Figura 25 mostra che un osservatore B vedrà le letture delle lancette di un orologio A, che indicheranno un momento nel tempo t_A. Questo perché quando un osservatore B guarda l'orologio di un osservatore A, vedrà l'immagine luminosa di un orologio A. Abbiamo già spiegato che è la luce che viene riflessa dal quadrante di un orologio A e porta informazioni sulle letture delle lancette di un orologio A. L'immagine luminosa di un orologio A si muove insieme all'inizio dell'impulso luminoso. L'inizio dell'impulso e l'immagine arriveranno in un punto B insieme, e questo avverrà in un istante di tempo t_B misurato da un orologio B.

In breve, quando l'impulso luminoso illumina un orologio B, un osservatore B vedrà sul suo orologio B un momento nel tempo t_B e vedrà su un orologio A un momento nel tempo t_A. A questo punto del nostro esperimento, l'osservatore B non può provare che gli orologi siano sincronizzati.

La seconda domanda è:

Può un osservatore A sapere che l'istante di tempo t_{AB} misurato dal suo orologio A è uguale all'istante di tempo t_B misurato da un orologio B?

La risposta è no. Questo perché un osservatore A sta guardando l'orologio B, ma lì è buio. È buio perché il raggio di luce riflessa non ha ancora raggiunto un osservatore A. Guarda la figura 23. Quando il raggio di luce ritorna all'osservatore A, solo allora A l'osservatore vedrà l'istante del tempo t_B sull'orologio B. Quando un osservatore A vede l'istante del tempo t_B su un orologio B, guarderà al proprio clock e confronterà l'ora t_B sull'orologio B con l'ora sul proprio orologio A. L'orologio di un osservatore A mostrerà un istante di tempo t'_A che non è uguale all'istante di tempo t_B e che non è uguale all'istante di tempo t_{AB}. Un osservatore A non può vedere la coincidenza dell'evento del tempo dell'orologio t_B con l' B evento del t_{AB} tempo dell'orologio A. Questo perché la luce viaggia a una velocità di trecentomila chilometri al secondo, e percorre la distanza da un punto B all'altro A in un intervallo di tempo reale. Questo intervallo reale è un ritardo che A conta l'orologio. Un osservatore A non può determinare l'ora t_{AB} e non può sincronizzare i due orologi.

In questa fase dell'esperimento, gli osservatori non A possono B sincronizzare i due orologi

L'inizio del raggio di luce viene riflesso dal quadrante di un orologio B e comincia a muoversi verso un osservatore A.

Vedere la figura 26.

IL PRIMO ERRORE DI EINSTEIN

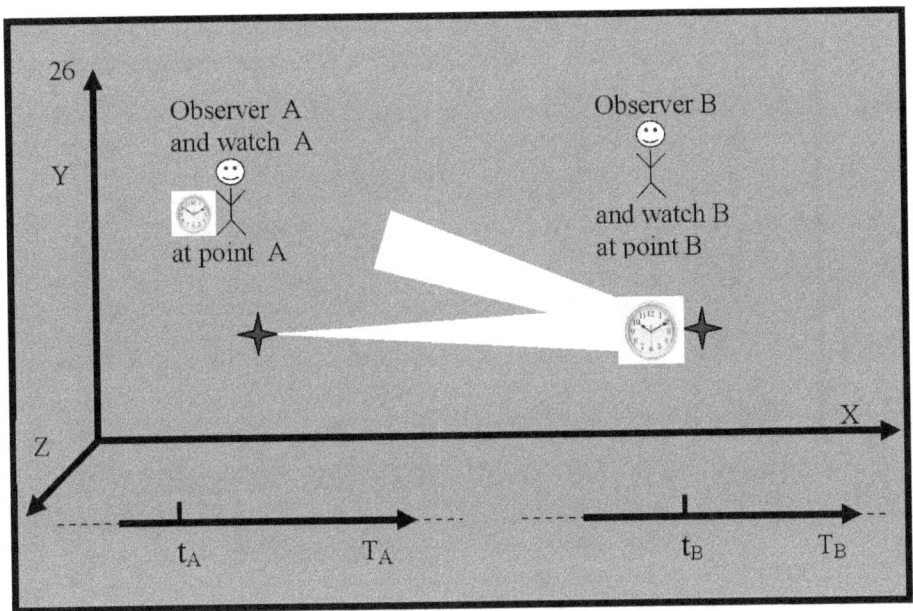

Nella Figura 26, si può vedere che l'ora A non è mostrata sull'asse temporale di un orologio t_{AB}, perché non è definita.

L'inizio del raggio di luce porta informazioni sulle letture delle lancette di un orologio B.

L'inizio del raggio di luce arriva a un osservatore A,
Vedere la figura 27.

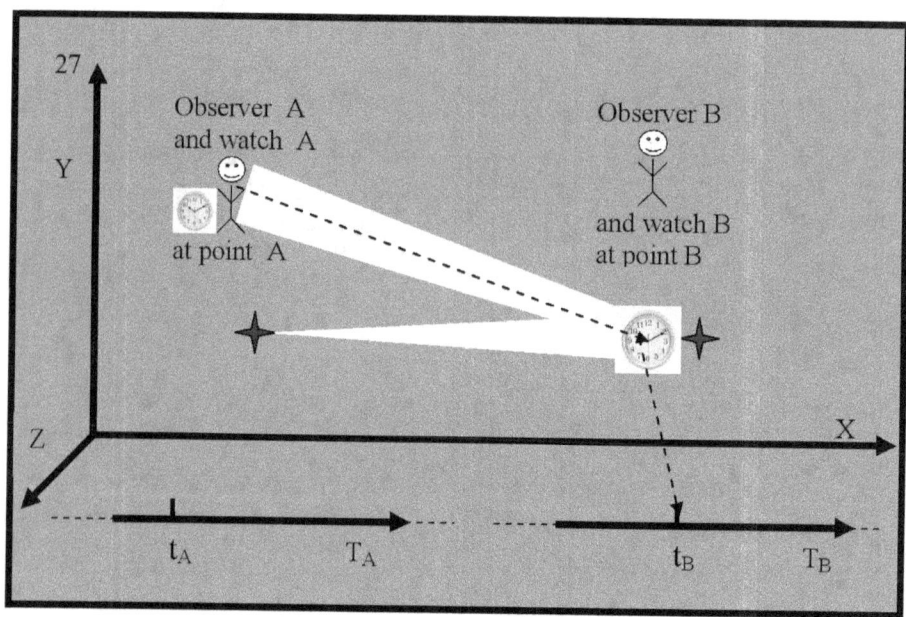

Figura 27 mostra che un osservatore A vede l'immagine chiara del quadrante di un orologio B e le letture delle lancette di un orologio B che indicano un momento nel tempo t_B.

osservatore A che guarda il suo orologio vede che questo accade in un momento nel tempo t'_A.

Vedere la figura 28.

IL PRIMO ERRORE DI EINSTEIN

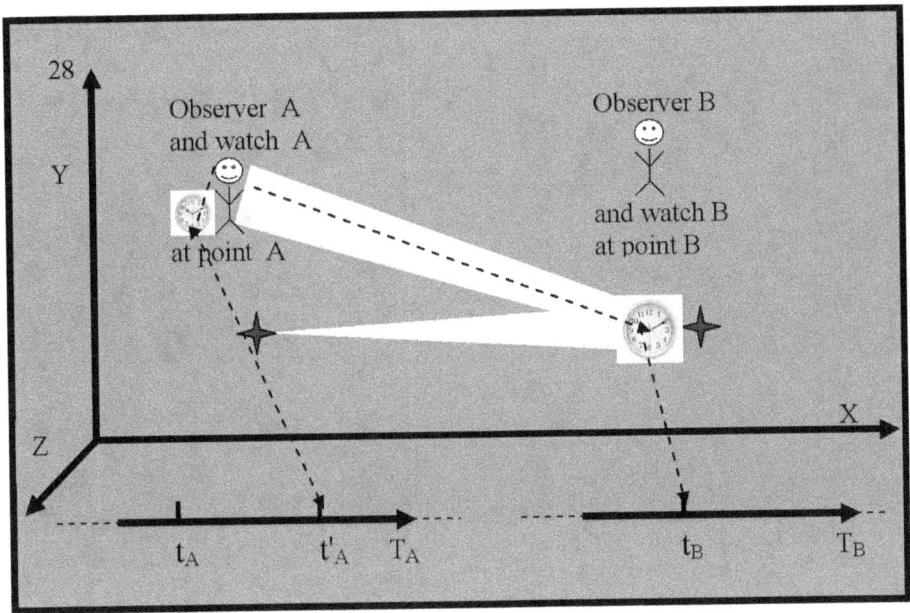

Quando un osservatore A vede le letture delle lancette del suo orologio A che indicano un punto nel tempo t'_A, le lancette di un orologio B indicheranno un punto nel tempo $t_{B.A}$.
Vedere Figura 29.

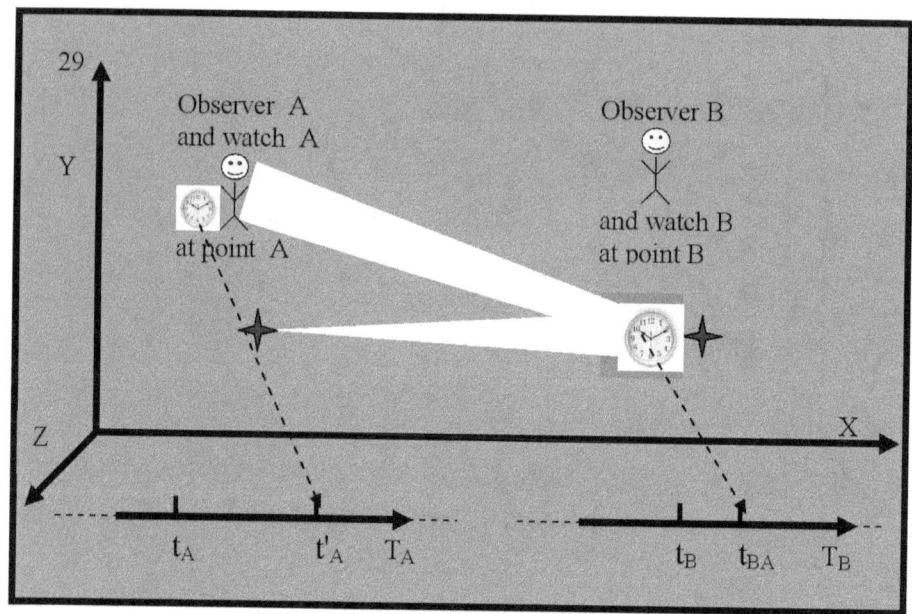

La Figura 29 mostra ciò che un osservatore vede A in base al suo orologio e ciò che un osservatore vede B in base al suo orologio.

Se assumiamo che gli orologi funzionino in modo sincrono, allora l'istante di tempo t_{BA} deve essere uguale all'istante di tempo t'_A.

Sorgono due domande.
La prima domanda è:

Può un osservatore A sapere che l'istante di tempo t'_A misurato dal suo orologio A è uguale all'istante di tempo t_{BA} misurato dall'orologio B?

La risposta è no.

Questo perché un osservatore A guarda un orologio B, ma lì vede un momento nel tempo t_B, attraverso il quale un osservatore A determina il tempo t'_A. L'immagine luminosa delle letture delle lancette di un orologio B, che mostrano il momento nel tempo t_{BA}, è in corrispondenza di un orologio B.

Quando l'immagine luminosa delle letture delle lancette di un orologio B, che indicano il momento del tempo t_{BA}, viene restituita a un osservatore A, solo allora A l'osservatore vedrà il momento del tempo t_{BA} sull'orologio B. Ma quando ciò accade, l'orologio A mostrerà un'ora completamente diversa. Osservatore A, non può vedere **la coincidenza del** momento dell'evento nel tempo t'_A, con il momento dell'evento nel tempo t_{BA}.

Un osservatore A non può dire e dimostrare che gli orologi sono sincronizzati.

La seconda domanda è:

Può un osservatore B sapere in qualche modo che l'istante di tempo t_{BA} misurato da un orologio B è uguale all'istante di tempo t'_A misurato da un orologio A?

La risposta è no.

Questo perché un osservatore B guarda l'orologio A e vedrà le lancette dell'orologio A, che indicheranno un tempo t_{AB} diverso dal tempo t'_A. Il valore numerico dell'istante di tempo t_{AB} sarà da qualche parte tra l'istante di tempo t_A e l'istante di tempo t'_A.

Vedere Figura 30.

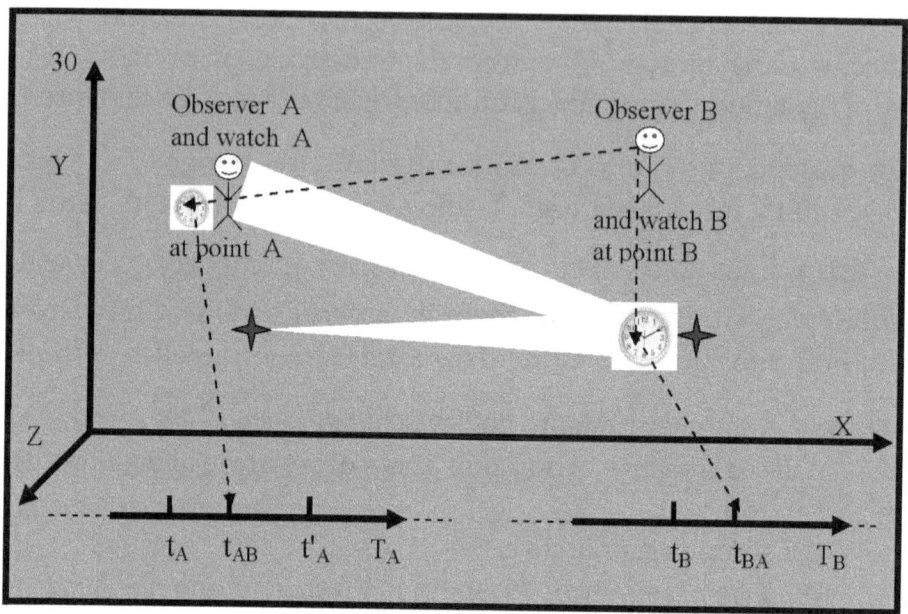

La Figura 30 mostra cosa vedrebbe un osservatore B. Su un orologio A vedrà un momento nel tempo t_{AB}, su un orologio B vedrà un momento nel tempo t_{BA}. Il momento nel tempo t_{AB} è diverso dal momento nel tempo t_{BA}.

Abbiamo completato il secondo esperimento, che abbiamo condotto al buio. Nel dettaglio e nel dettaglio, abbiamo analizzato il movimento del raggio di luce, e compreso il modo in cui vengono conteggiati gli istanti di tempo sui due orologi. Riassumiamo i risultati.

Vedere Figura 31.

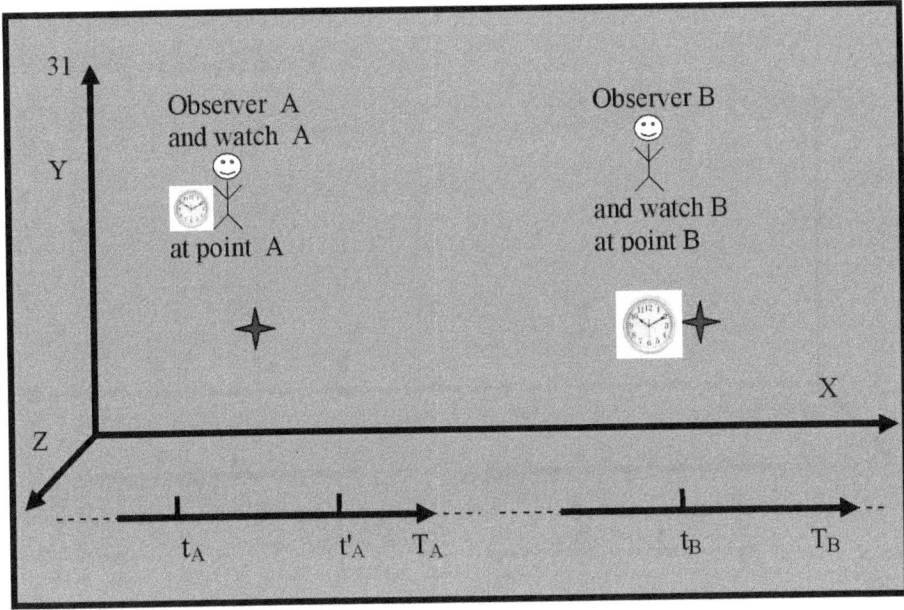

Nella figura 31, viene mostrato quali momenti del tempo ha visto un osservatore A, attraverso il suo orologio, e quali momenti del tempo ha visto un osservatore B, attraverso il suo orologio.

Un osservatore B ha visto sul suo orologio un momento nel tempo in t_B cui il quadrante di un orologio era illuminato B.

osservatore A ha visto sul suo orologio un momento di tempo t_A - l'apparizione del raggio di luce, un momento di tempo - il t'_A ritorno del raggio di luce, e il momento di tempo t_B, da un orologio B.

Mostreremo questo fatto nella figura successiva, e analizzeremo la "luce".

Vedere Figura 32.

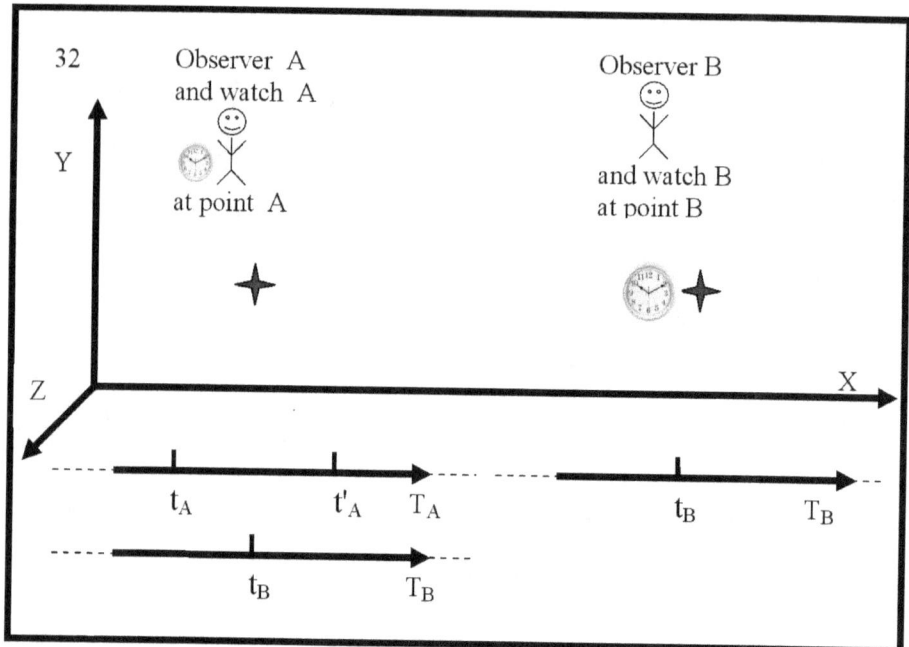

Nella figura 32, si può vedere che sotto un osservatore B è mostrato un vettore temporale con un istante di tempo t_B visto da un osservatore B.

Sotto l'osservatore A sono mostrati due vettori di tempo, e gli istanti di tempo che l'osservatore ha visto A. Il secondo vettore è quello di un osservatore B. In questo modo è possibile confrontare i due vettori ei momenti su di essi.

Un istante di tempo t'_B che si trova su un vettore T_B non può essere posizionato sul vettore di tempo t_A. Questo perché i due vettori provengono da due orologi diversi e sono indipendenti. Questo è molto importante e dovrebbe essere ricordato. Nei libri di fisica mostrano un vettore del tempo, e su quel vettore mostrano l'ora di molti orologi diversi. Questo è un errore. Ogni singolo orologio deve avere il proprio vettore temporale. In questo modo le analisi temporali risultano vere e chiare.

Quando gli orologi funzionano in modo sincrono, devono

mostrare gli stessi istanti di tempo.
Vedi figura 33.

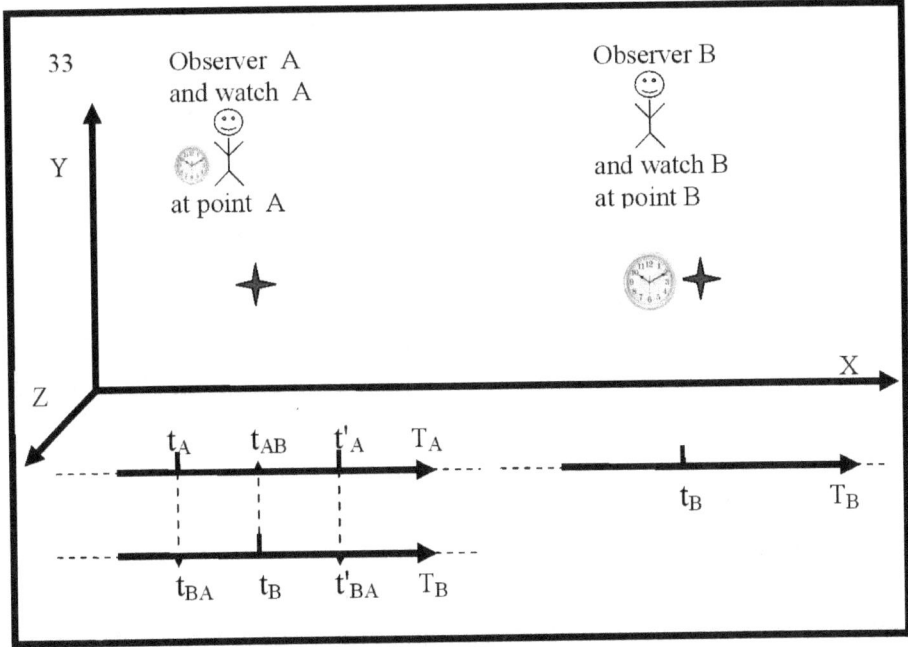

La Figura 33 mostra quello tra i due vettori temporali T_A e T_B vengono inserite le frecce tratteggiate. Le frecce mostrano la relazione tra i diversi momenti del tempo sui due orologi.

Quando un orologio A mostra un momento nel tempo t_A, allora un orologio B mostra un momento nel tempo t_{BA}.

Guarda la figura 33.

Il valore numerico di un momento nel tempo t_A deve essere uguale al valore numerico di un momento nel tempo t_{BA}. Questa uguaglianza è **la prima condizione necessaria** per dimostrare che gli orologi sono sincronizzati. Ciò significa che un osservatore A deve aver visto la coincidenza di questi due eventi. Coincidenza dell'istante dell'evento t_A con l'istante dell'evento t_{BA}. Nell'analisi che abbiamo fatto, abbiamo mostrato e dimostrato che un osservatore A non può vedere, e non può provare, la coincidenza di questi due eventi. Un osservatore A non può soddisfare **la**

prima condizione necessaria e non può provare che gli orologi siano sincronizzati.

Quando un orologio B mostra un momento nel tempo t_B, allora un orologio A mostra un momento nel tempo t_{AB}.
Guarda la figura 33.

Il valore numerico di un momento nel tempo t_B deve essere uguale al valore numerico di un momento nel tempo t_{AB}. Questa uguaglianza è **la seconda condizione necessaria** per dimostrare che gli orologi sono sincronizzati. Ciò significa che un osservatore B deve vedere la coincidenza del momento dell'evento nel tempo t_B con il momento dell'evento nel tempo t_{AB}. Nell'analisi che abbiamo fatto, abbiamo mostrato e dimostrato che un osservatore B non può vedere, e non può provare, la coincidenza di questi due eventi. Un osservatore B non può soddisfare la **seconda** condizione necessaria e non può provare che gli orologi siano sincronizzati.

Quando un orologio A mostra un momento nel tempo t'_A, allora un orologio B mostra un momento nel tempo t'_{BA}.
Guarda la figura 33.

Il valore numerico di un momento nel tempo t'_A deve essere uguale al valore numerico di un momento nel tempo t'_{BA}. Questa uguaglianza è **la terza condizione necessaria** per dimostrare che gli orologi sono sincronizzati. Ciò significa che un osservatore A deve aver visto la coincidenza di questi due eventi. Coincidenza t'_A dell'evento momentaneo con l'evento momentaneo t'_{BA}. Nell'analisi che abbiamo fatto, abbiamo mostrato e dimostrato che un osservatore A non può vedere, e non può provare, la coincidenza di questi due eventi. Un osservatore A non può soddisfare **la terza** condizione necessaria e non può provare che gli orologi siano sincronizzati.

La nostra analisi ha mostrato che un osservatore A e un osservatore B non possono soddisfare le tre condizioni e non possono sincronizzare i loro orologi.

Ora, alcuni dei lettori potrebbero obiettare che abbiamo introdotto tre nuove condizioni per il funzionamento sincrono, mentre secondo Albert Einstein, per sincronizzare gli orologi, deve essere soddisfatta solo una condizione, ovvero:

$$t_B - t_A = t'_A - t_B$$

Sì.

Secondo il metodo di Albert Einstein, se l'uguaglianza è vera, allora, t_B è nel mezzo dell'intervallo tra t_A e t'_A, quindi gli orologi sono sincronizzati.

Ora attraverso alcune cifre, mostreremo due cose molto importanti:

Primo.

Mostreremo che l'istante di tempo t_B può **trovarsi** nel mezzo dell'intervallo tra t_A e t_B, eppure gli orologi **non saranno** sincronizzati.

Secondo.

Mostreremo che l'istante di tempo t_B potrebbe **non essere** nel mezzo dell'intervallo tra t_A e t'_A **avere ancora** gli orologi sincronizzati.

Quando vedremo queste due cose, sapremo che il metodo di Albert Einstein non è corretto.

Per prima cosa mostreremo gli orologi che funzionano in modo sincrono.

Vedere Figura 34.

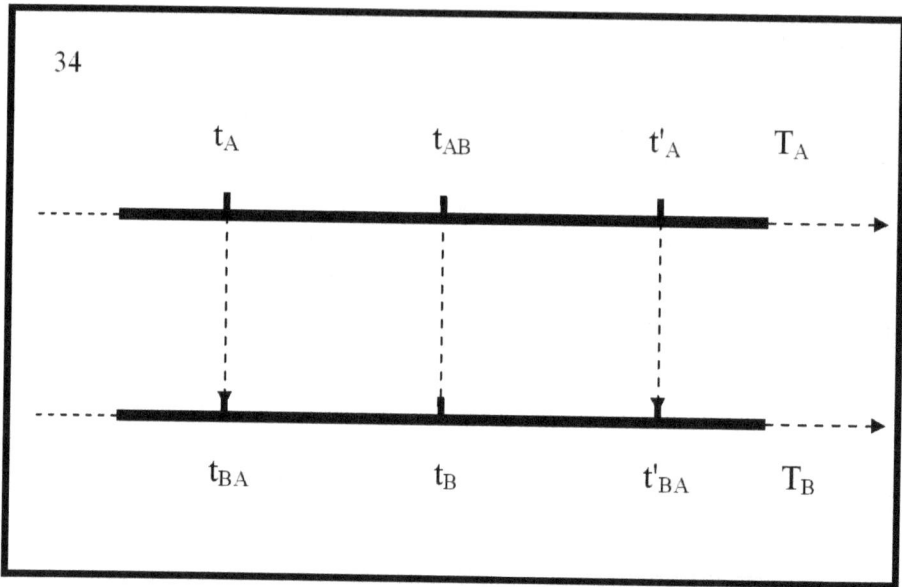

Nella Figura 34 , sono mostrati il vettore dell'ora dell'orologio A a che è T_A, e il vettore dell'ora dell'orologio a B che è T_B.

I momenti del tempo dell'orologio A e dell'orologio B coincidono. Time t_B instant , è uguale a time instant t_{AB}, e t_B si trova nel mezzo dell'intervallo tra t_A e t'_A. Tutte le condizioni per il funzionamento sincrono degli orologi sono soddisfatte. Gli orologi funzionano in modo sincrono.

Nella figura successiva sono nuovamente rappresentati i vettori di tempo e gli istanti di tempo dei due orologi.

Vedere Figura 35.

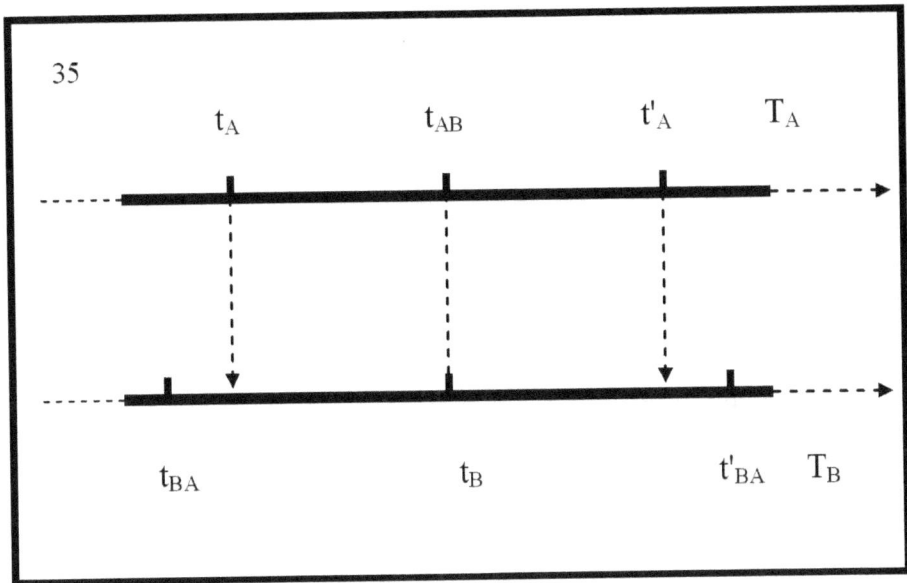

Nella figura 35 si vede che l'istante di tempo t_A non coincide con l'istante di tempo t_{BA}, e l'istante di tempo t'_A non coincide con l'istante di tempo t'_{BA}. Solo l'istante di tempo t_B, coincide con l'istante di tempo t_{AB}, ed è al centro dell'intervallo tra t_A e t'_A. Secondo Albert Einstein, quando t_B è nel mezzo, gli orologi sono sincronizzati. Ma vediamo che non sono sincronizzati. Conducendo l'esperimento di Einstein, è possibile ottenere questo risultato in cui il ricercatore non può capire che c'è un errore.

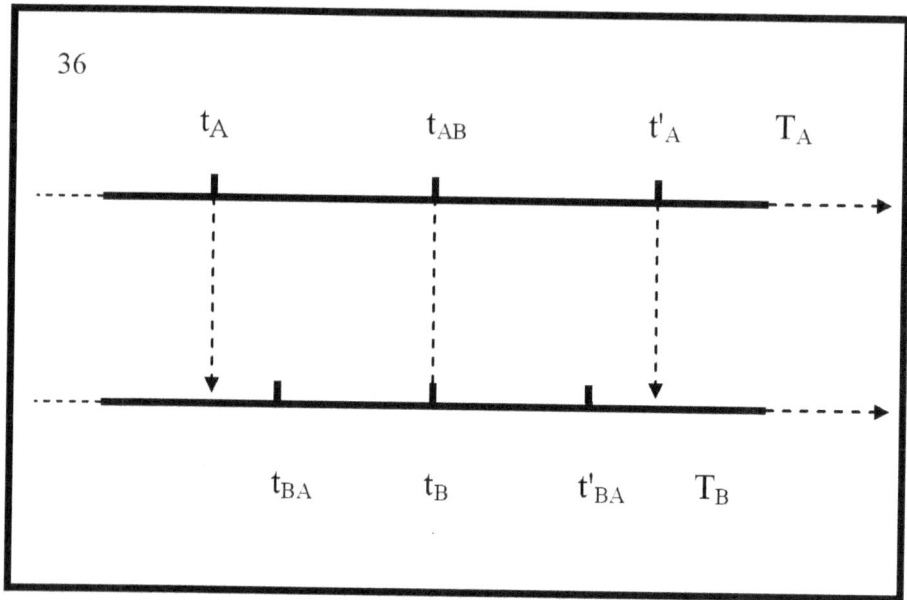

Nella figura 36 vediamo che il momento t_A non coincide con il momento t_{BA}, e il momento t'_A non coincide con il momento t'_{BA}. Il momento t_B coincide con il momento t_{AB}, ed è nel mezzo dell'intervallo tra t_A e t'_A, ma gli orologi non sono sincronizzati.
Vedere la figura 37.

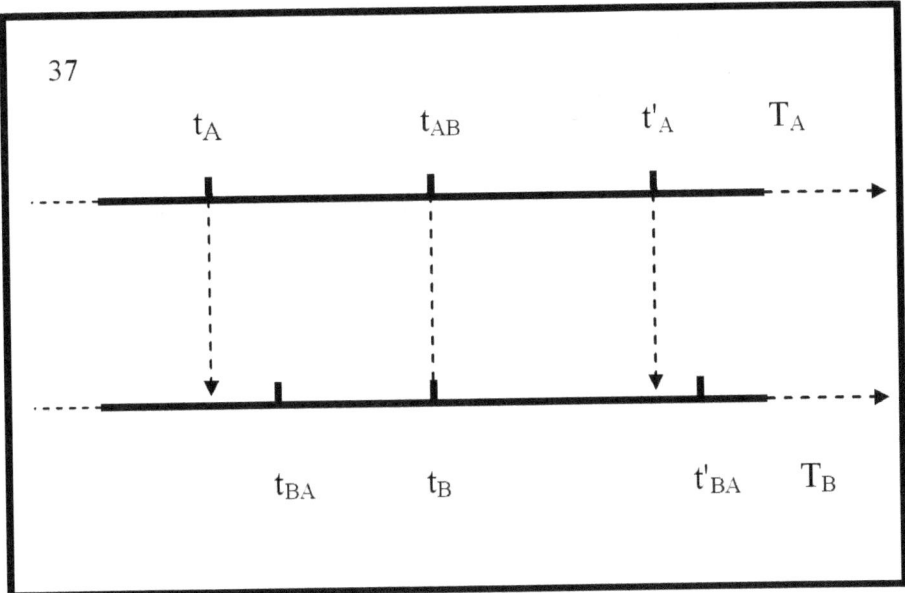

Nella figura 37 vediamo che il momento t_A non coincide con il momento t_{BA}, e il momento t'_A non coincide con il momento t'_{BA}. Il momento t_B coincide con il momento t_{AB}, ed è nel mezzo dell'intervallo tra t_A e t'_A, ma gli orologi non sono sincronizzati.

Ora vediamo la figura 38:

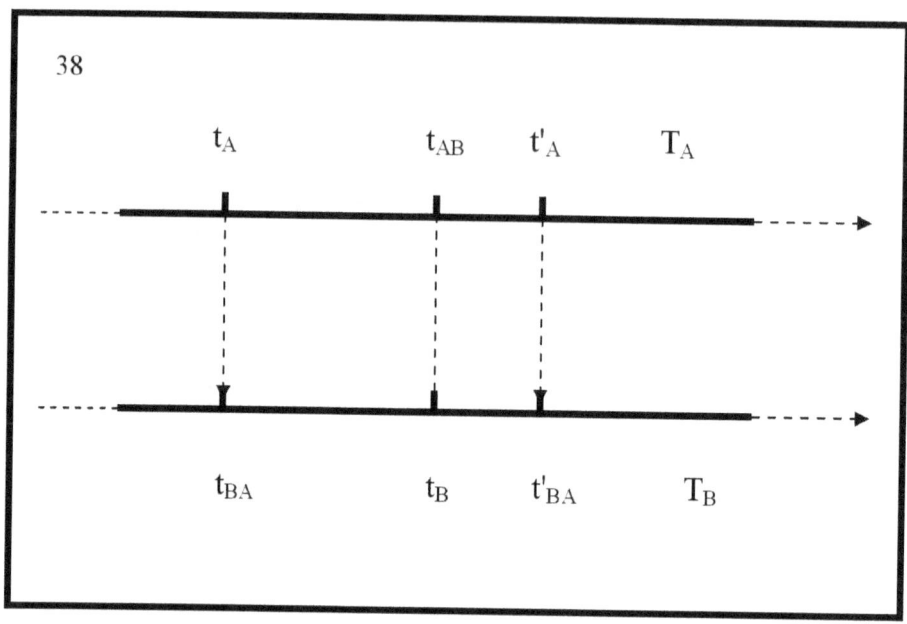

La figura 38 mostra che il momento t_A coincide con il momento t'_{BA} in cui è soddisfatta la prima condizione, il momento t_B coincide con l'istante t_{AB}, si realizza la seconda condizione, l'istante t'_A coincide con il momento t'_{BA}, la terza condizione è soddisfatta.

Tutti e tre i momenti di tempo su un orologio A coincidono con i tre momenti di tempo su un orologio B, il che significa che **gli orologi sono sincronizzati**. Ma vediamo che il momento t_B, che coincide con il momento t_{AB}, **non è** nel mezzo dell'intervallo tra t_A e t'_A. Secondo Albert Einstein, se l'istante t_B, non è nel mezzo dell'intervallo tra t_A e t'_A, gli orologi non sono sincronizzati. Si pone la domanda, chi ha ragione? Noi o Albert Einstein? Giudica tu stesso.

Alcuni dei lettori che leggono quanto ho scritto potrebbero obiettare che si tratta di analisi molto dettagliate, e di ragionamenti inutilmente complicati.

Non sono d'accordo con una simile obiezione.

Non sono d'accordo perché stiamo analizzando i principi e il fondamento della Tory of Relativity.

La Teoria della Relatività, nella sua forma completa, considera tutti gli effetti che sono legati al tempo fisico. Nella Teoria della Relatività, il tempo è una quantità variabile. La velocità del tempo è diversa e dipende dalla gravità e dalla velocità con cui diversi corpi fisici si muovono l'uno rispetto all'altro.

Ad esempio, nella Teoria della Relatività, c'è il fenomeno del buco nero. In un buco nero, la velocità del tempo è zero e ogni secondo diventa un intervallo di tempo infinitamente lungo.

Pertanto, quando si sincronizzano gli orologi che misureranno il tempo nella Teoria della Relatività, i metodi di sincronizzazione devono essere molto precisi. Tutte le azioni eseguite e finalizzate alla sincronizzazione devono essere analizzate attentamente. Non sono ammesse ambiguità e imprecisioni.

4. SOLUZIONE AL PROBLEMA

Sono possibili vari criteri per dimostrare il funzionamento sincrono di almeno due orologi.

È importante sapere e ricordare sempre che:

Primo :

La quantità di possibili criteri per dimostrare i movimenti sincroni è infinitamente grande.

Vedi "Il tempo. Spazio. Movimento. Riposo. Relatività. Assoluto" LAP LAMBERT Academic Publishing (2018-08-30)

Secondo :

La definizione di criteri specifici è fatta dal ricercatore. La scelta di un metodo specifico dipende dai compiti scientifici e di ricerca da risolvere. La scelta del modo (metodo) è sempre una convenzione, che è un accordo tra almeno due ricercatori.

Terzo :

Il criterio di sincronicità si applica allo stato di moto di almeno due cose. Il criterio di sincronicità non può essere applicato allo stato di riposo.

Quarto :

Il criterio per *il funzionamento sincrono* di almeno due orologi è qualcosa di diverso dal criterio per *la misurazione simultanea e accurata del tempo* da parte di almeno due orologi.

Considereremo e analizzeremo i criteri classici per controllare il funzionamento sincrono di almeno due orologi. Con l'aiuto delle figure, mostreremo come i movimenti sono sincronizzati.

Vedere Fig .3 9.

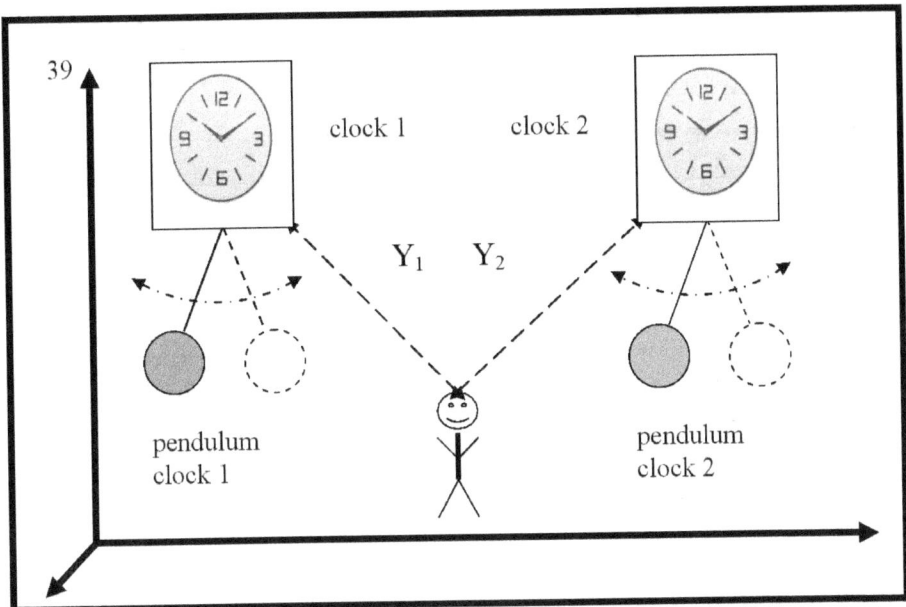

Nella Figura 3 9 sono visibili due orologi ciclici meccanici. Gli orologi ciclici meccanici sono quelli che hanno un pendolo.

Vedi "Il tempo. Spazio. Movimento. Riposo. Relatività. Assoluto" LAP LAMBERT Academic Publishing (2018-08-30)

vede un osservatore equidistante dagli orologi. La distanza Y_1 è uguale alla distanza Y_2.

L'osservatore è posizionato rispetto agli orologi in un modo definito con precisione. Il modo in cui l'osservatore è posizionato consente all'osservatore di vedere l'orologio a pendolo uno e l'orologio a pendolo due.

Clock Pendulum One e Clock Pendulum Two sono posizionati all'estrema sinistra.

La linea tratteggiata mostra la posizione all'estrema destra in cui il pendolo oscillerà all'orologio uno e la posizione all'estrema destra in cui il pendolo oscillerà all'orologio due.

Nella posizione di estrema destra e nella posizione di estrema sinistra, l'orologio a pendolo uno e l'orologio a pendolo due sono a riposo.

Nel caso generale, gli orologi potrebbero non essere sincronizzati, e quindi l'orologio a pendolo uno e l'orologio a pendolo due si muovono rispetto all'osservatore in modo sfalsato.
Vedere Figura 40.

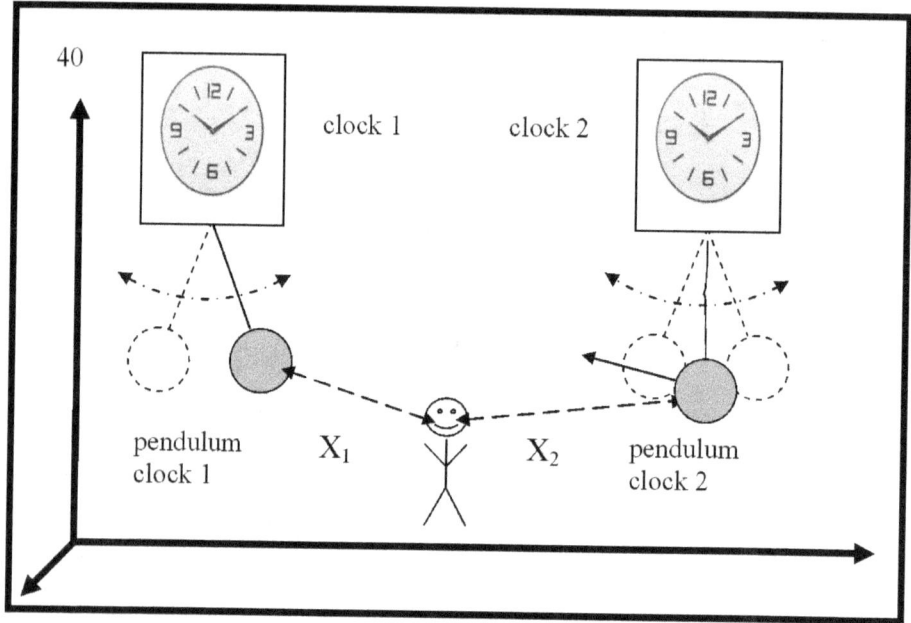

La Figura 40 mostra che l'orologio a pendolo uno è fermo rispetto all'osservatore. Ma, nella figura, si vede che il pendolo dell'orologio due continua a muoversi e si avvicina all'osservatore.

La distanza X_1 è minore della distanza X_2.

In questo caso, l'osservatore deve intraprendere le azioni necessarie per ottenere una coincidenza dell'evento "stato di riposo del pendolo uno" con l'evento "stato di riposo del pendolo due". Questo può essere fatto in diversi modi. Non descriveremo le procedure che devono essere eseguite per ottenere eventi corrispondenti. Analizzeremo un metodo per verificare il funzionamento sincrono dei due orologi.

Considereremo un caso sperimentale in cui si presume che gli orologi siano sincronizzati e debbano essere verificati.

Vedere Figura 41

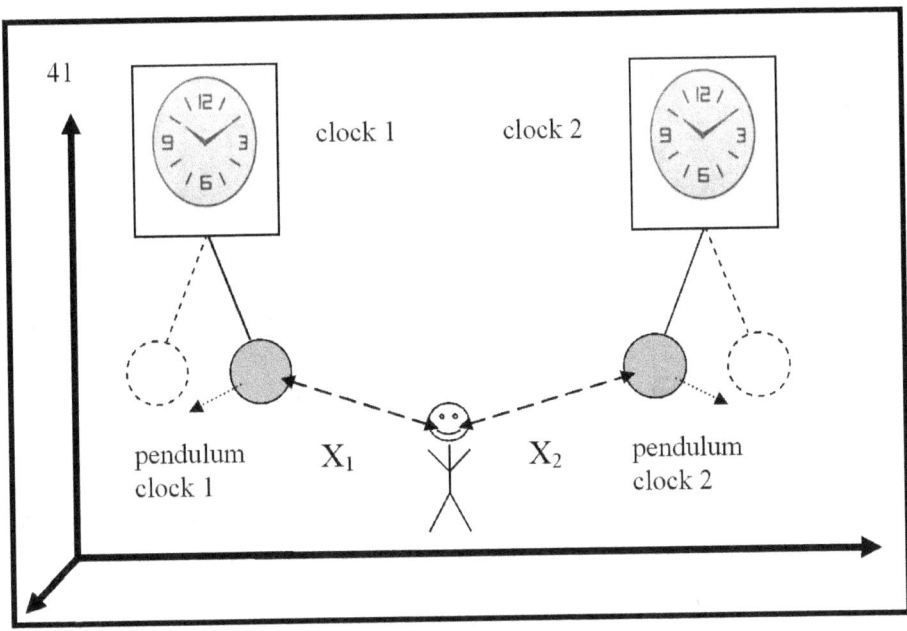

La Figura 41 mostra l'orologio a pendolo uno e l'orologio a pendolo due che si muovono in direzioni opposte. Quando il pendolo dell'orologio uno si sposta a sinistra, il pendolo dell'orologio due si sposta a destra. L'osservatore osserva il movimento dei pendoli dei due orologi L'osservatore deve determinare che il movimento dei due pendoli è sincrono. L'osservatore deve selezionare i criteri per il movimento sincrono del pendolo uno e del pendolo due. Questo viene fatto nel modo seguente.

L'osservatore nota che quando l'orologio a pendolo uno è più vicino all'osservatore, l'orologio a pendolo uno è fermo rispetto all'osservatore, quindi inizia a muoversi nella direzione opposta.

Quando l'orologio a pendolo due è più vicino all'osservatore, l'orologio a pendolo due è fermo rispetto all'osservatore, quindi inizia a muoversi nella direzione opposta. Lo stato delle stanze nella camera da letto e lo stato delle stanze nella camera da letto due sono due avvenimenti diversi. L'osservatore ha la possibilità di osservare e verificare la coincidenza dei due eventi.

Quando si verifica una coincidenza dei due eventi,

l'osservatore unisce i due eventi in un nuovo evento chiamato "coincidenza di un *evento di pendolo di riposo uno* con un *evento di pendolo di riposo due* ". L'evento "coincidenza di un evento a *riposo pendolo uno* con un evento a *riposo pendolo due* " è una condizione necessaria affinché l'osservatore provi che il movimento del pendolo uno è sincrono con il movimento del pendolo due. Ma non è abbastanza. Condizione sufficiente è quando l'evento "coincidenza dell'evento di *riposo pendolo uno* con l'evento di *riposo pendolo due* " si verifica ancora una volta. Questo dovrebbe essere fatto nel prossimo ciclo di oscillazione del pendolo uno e del pendolo due.

L'osservatore sa che il movimento del pendolo dell'orologio uno e dell'orologio due non è ancora sincronizzato, quindi l'osservatore continua attentamente a monitorare il movimento del pendolo uno e del pendolo due. L'osservatore si aspetta che nel ciclo successivo, di movimento del pendolo uno e del pendolo due, per la seconda volta, di nuovo, si verifichi l'evento "coincidenza di *riposo pendolo uno* con *riposo pendolo due* "

riposo pendolo uno con *riposo pendolo due* " si verifica ancora una volta (per la seconda volta nello stesso modo) allora l'osservatore può concludere che il movimento del pendolo uno, è sincrono con il movimento del pendolo due.

E' importante sapere e ricordare che l'osservatore può osservare l'evento "coincidenza di *riposo pendolo uno* con *riposo pendolo due* " se e solo perché (e quando) si trova **equidistante** dai due orologi. Se questa condizione non è soddisfatta, la corrispondenza non può essere osservata.

Il criterio indicato per i movimenti sincroni è elementare. Sono possibili criteri notevolmente più complessi. La scelta spetta al ricercatore.

Abbiamo descritto in dettaglio un metodo mediante il quale è possibile determinare i movimenti sincroni e il funzionamento sincrono di due orologi.

Nei criteri specificati che abbiamo utilizzato, il concetto di tempo non viene utilizzato da nessuna parte. Questo è fatto abbastanza deliberatamente. I movimenti sincroni (muoversi nello spazio) non hanno bisogno dell'idea del tempo fisico per essere provati o smentiti.

Il fenomeno del tempo necessita di comprovati movimenti sincroni. Quando vengono dimostrati i movimenti sincroni, è possibile analizzare il fenomeno del tempo fisico.

5. ANALISI 02.02.2022.

Questa discussione è stata fatta il secondo giorno di febbraio, duemilaventidue. È divertente.

Nel 1905 Einstein pubblicò l'articolo " Zur elektrodynamik motore Körper " , Annalen der Physik , 1905 17, 891-921.
Nel paragrafo due dell'articolo, Einstein definisce due principi di Relatività Speciale, come segue:

Primo principio.

Le leggi per cui cambiano gli stati dei sistemi fisici non dipendono da quale dei due sistemi in moto rettilineo uniforme l'uno rispetto all'altro si riferiscono a questi cambiamenti.

Secondo principio.

Ogni raggio di luce si muove in un sistema di coordinate a riposo con una certa velocità V , indipendentemente dal fatto che questo raggio sia emesso da un corpo fermo o in movimento.

Inoltre, $velocity = \dfrac{beam..path}{time..interval}$ **per "intervallo di tempo" va inteso nel senso della definizione di cui al primo comma ".**

Nota: ($velocity = \dfrac{beam..path}{time..interval}$) = (velocità = percorso del raggio / intervallo di tempo)

Ma , mi dispiace notare che nel primo paragrafo Einstein non dà una definizione di " **intervallo di tempo** ". Peggio ancora, nel primo paragrafo o Einstein, non una volta, usa il termine " **intervallo di tempo** ". Eppure Einstein ha insistito sul fatto che **un intervallo di**

tempo dovrebbe essere inteso nel senso del paragrafo uno.
Cosa significa la frase:

"... si intende ai sensi della definizione di cui al primo comma".

Questa non può essere una definizione. Questo modo di fare analisi non è corretto. Questo porta a incomprensioni e una serie di errori. Ciò significa che quando diversi ricercatori leggono il paragrafo uno, avranno idee diverse su un **intervallo di tempo** . Quando avranno idee diverse, penseranno in modo diverso sull'intervallo **di tempo** . Esatto, non dovrebbe succedere. Le persone sono diverse e percepiscono le informazioni sul tappetino in modo diverso. Questo è perfettamente normale e lo sarà sempre. Questo è il motivo per cui ogni singolo ricercatore dovrebbe offrire definizioni il più possibile chiare, precise e brevi. Quindi il lettore legge la definizione e nella sua mente si crea un'idea chiara del fenomeno definito . Quando le rappresentazioni di due ricercatori sono chiare, queste due rappresentazioni possono essere identiche. Questo è lo scopo di ogni singola definizione che viene creata nella scienza.
Einstein non ha raggiunto questo obiettivo. Ho la sensazione che per qualche motivo non si sia posto un simile compito, e come se deliberatamente non avesse offerto una definizione del concetto di "intervallo di tempo". Alcuni lettori potrebbero obiettare che questo non è così importante, e non ha importanza per la Teoria della Relatività Speciale. Risponderò così: sono categoricamente in disaccordo. **L'intervallo di tempo** è un concetto fondamentale e importante nella Relatività Speciale, forse il più importante dei due principi. **L'intervallo di tempo** gioca un ruolo chiave nella creazione dell'apparato matematico della Teoria della Relatività Speciale. Le espressioni matematiche sono elementari, ed è facile vedere che quando si crea la Teoria della Relatività, l'" **intervallo di tempo** " diventa **tempo fisico** , attraverso la formula di Lorentz. Einstein fu il primo a proporre una definizione del concetto di Tempo Fisico. Secondo me, questo è il suo principale contributo alla scienza. Il tempo fisico è un concetto fondamentale (di base,

importante) nella Teoria della Relatività Speciale, nella Teoria della Relatività Generale e nella scienza della fisica. Nessun altro prima di Einstein aveva ipotizzato l'esistenza del fenomeno del TEMPO FISICO.

Einstein espresse questa ipotesi nel 1910 nell'articolo " Le principe de relativité ses conseguenze dans physique moderne " . In questo articolo, Einstein ha utilizzato intervalli di tempo e attraverso di essi ha creato l'ipotesi del TEMPO FISICO.

Pertanto , quando si definisce il termine "intervallo di tempo", la definizione deve essere perfettamente chiara, perfettamente precisa, perfettamente precisa. Quando la chiarezza, la precisione e la precisione sono assenti, significa che possono essere presenti ipotesi nascoste e verità assiomatiche dettagliate, o mezze definizioni . È allora che compaiono i più grandi errori e fallacie nella scienza.

Nella formula specificata $t_B - t_A = t'_A - t'_B$, l'intervallo di tempo è definito, solo e soltanto per un orologio A. Nella formula data, non esiste un intervallo di tempo dell'orologio B. L'intervallo di tempo per clock A, viene utilizzato in forma nascosta e per clock B. Questo è esattamente ciò che viene chiamato un'ipotesi nascosta. Nella prima parte dell'articolo cerco di mostrare quali sono le conseguenze di questa ipotesi nascosta. Secondo Einstein, gli orologi sono sincronizzati, ma dall'analisi che abbiamo fatto, è molto chiaro che gli orologi potrebbero non essere sincronizzati. Questo è un classico esempio di come un'imprecisione porti all'incertezza nell'intera ipotesi. Questa indeterminatezza si trasforma in un'inesattezza e ha gravi conseguenze per la relatività ristretta, la relatività generale e la scienza della fisica.

Molti ricercatori diversi hanno analizzato la Teoria della Relatività Speciale, e hanno mostrato il loro personale atteggiamento nei confronti dell'ipotesi di Einstein. Una parte sono sostenitori, un'altra parte sono avversari. Entrambi concordano sul fatto che i due principi sono i più importanti e sono alla base della Teoria della Relatività Speciale. Ma entrambi molto spesso commettono lo stesso errore, cioè non citano l'intero secondo principio. Non si accorgono che l'ultima frase del principio fa parte del principio stesso, e rappresenta un **intervallo di tempo** . Se lo citano, non prestano attenzione a ciò che è stato detto e non lo analizzano .

Ancora una volta il secondo principio:

Ogni raggio di luce si muove in un sistema di coordinate a riposo con una certa velocità V **, indipendentemente dal fatto che questo raggio sia emesso da un corpo fermo o in movimento.**

Inoltre $velocity = \dfrac{beam\,path}{time\,interval}$, per "intervallo di tempo" va inteso nel senso della definizione del primo comma ".

Nell'ultima frase del secondo principio (quello rosso), Einstein dapprima usò il termine " **intervallo di tempo** ", e subito dopo affermò che " **intervallo di tempo** " era definito nel paragrafo uno. Ho letto il primo paragrafo molto attentamente e ripetutamente. Volevo trovare una definizione di "intervallo di tempo". Sfortunatamente, non ho trovato una tale definizione. Se un lettore ha successo, intervieni. te ne sarò grato.

Non posso accettare una definizione così proposta. Il concetto **di intervallo di tempo o** necessita di una definizione che sia di rango di principio, rispetto alla Teoria della Relatività. Nella Teoria della Relatività, un " **intervallo di tempo** " è una particolare misurata, QUANTITÀ DI TEMPO, di QUALITÀ TEMPO FISICO. In cui, il TEMPO FISICO DI QUALITÀ è relativo. Il fenomeno " **intervallo di tempo** " è presente in TUTTA UNA INFINITA ATTUALITÀ. È presente in modo assolutamente simultaneo ed è correlato alla categoria filosofica TEMPO e al fenomeno oggettivamente esistente TEMPO.

****

L'intervallo è definito per un solo orologio e questo intervallo deve essere uguale all'intervallo dell'altro orologio. Qui sorge la domanda, cosa significa l'uguaglianza di due intervalli di tempo. La coincidenza di due punti nel tempo deve sempre essere dimostrata . L'ora di inizio del primo intervallo deve corrispondere all'ora di inizio del secondo intervallo e l'ora di fine del primo intervallo deve corrispondere all'ora di fine del secondo intervallo. Questa si chiama coincidenza di eventi nel tempo, che è un'idea perfetta di Einstein. Provata la coincidenza, allora è possibile affermare che i due intervalli sono uguali. Questo è il giudizio, e nella testa umana si crea un'idea di uguaglianza di due intervalli di tempo. Va sempre ricordato che l'idea di qualcosa è diversa dalla cosa stessa. Il concetto di tempo è diverso dal fenomeno del tempo. Dico questo perché sono fermamente convinto che l'idea del **fenomeno del tempo fisico** sia completamente diversa dall'idea del fenomeno **del tempo filosofico** . La categoria filosofica **del tempo** designa un fenomeno della realtà che è fondamentalmente diverso dal tempo fisico di Einstein. Il moderno sviluppo della fisica mostra che questo fatto non viene preso in considerazione.

****

misurazione di una **quantità di tempo** viene eseguita utilizzando un " **intervallo di tempo** " e viene utilizzata per misurare la distanza. Quando si misura una distanza, viene utilizzato uno standard. Ogni benchmark (per la distanza) ha due endpoint. I due estremi del tagliando coincidono con due punti dell'UNICA INFINITA EFFICACIA.

La coincidenza dei punti nello Spazio è assoluta. La coincidenza di due punti di una retta con due punti di un'altra retta è sempre assolutamente simultanea. È il **verificarsi degli eventi nel tempo** . La coincidenza di questi punti non necessita dell'ipotesi del tempo relativo. Quando lo standard non si muove, la coincidenza dei punti qui e ora deve essere assolutamente simultanea con la coincidenza dei punti lì e ora.

La vera affermazione è:

Quindi, **qui e ora** , abbiamo una coincidenza con **lì e ora** .

Lì e ora è secondo l'orologio, **qui e ora** . Quando le distanze tendono ad essere infinitamente grandi , o infinitamente piccole, determinare un **intervallo di tempo** è un compito difficile. E se non c'è una definizione precisa, **l'intervallo di tempo** diventa un'utopia.

6 ANALISI 22022022

Questa analisi è stata eseguita il ventidue febbraio duemilaventidue. Un'altra divertente coincidenza.

Nella sua analisi Einstein utilizzò i concetti di tempo, spazio, intervallo di tempo, istante di tempo, criteri di sincronizzazione, orologio e misurazione del tempo. Einstein usava i concetti con l'idea che i concetti fossero estremamente chiari, comprensibili e non necessitassero di spiegazioni. Ma non è così. I concetti elencati servono a denotare certi fenomeni fisici. I **fenomeni** fisici sono oggettivamente esistenti. Esistere oggettivamente significa che i fenomeni sono indipendenti dalla coscienza (pensiero umano) e che sono al di fuori della coscienza umana e che non sono un prodotto della coscienza umana. I fenomeni fisici hanno una certa essenza. L'essenza di ogni particolare fenomeno è un insieme di singole parti. Ogni parte ha una certa proprietà. Ogni proprietà è una forma di movimento o una forma di quiete.
La somma delle singole parti appartiene a un'intera essenza . La coscienza riflette il fenomeno e la sua essenza. Il pensiero è una forma più alta di riflessione (cerca in Internet "Teoria della riflessione" dell'accademico Todor Pavlov). Il processo del pensare copre una parte dell'insieme infinito delle possibili connessioni tra le proprietà delle parti, dell'essenza del fenomeno. Sono possibili relazioni tra forme di movimento e forme di riposo. Il pensiero, come forma più alta di riflessione, di un soggetto particolare è singolare, singolare, il che significa che è assoluto. Ciò significa che nell'UNICA INFINITA REALTÀ, non esistono due entità che pensano allo stesso modo. Ogni entità particolare è singolare, assoluta e riflette l'UNICA INFINITA REALTÀ, nel suo

modo soggettivamente unico. Come risultato della riflessione, nella mente del soggetto compaiono idee sulla forma e sul contenuto del **concetto** , con le quali il fenomeno esistente è oggettivamente designato. I soggetti analizzano e comunicano attraverso concetti concreti. La forma del concetto concreto usata da soggetti diversi è la stessa (è la stessa parola), ma il contenuto del concetto concreto usato da soggetti diversi è diverso. La scienza umana è il risultato dell'esecuzione di analisi soggettive collettive e della formazione di conclusioni specifiche attraverso concetti specifici. I soggetti dichiarano conclusioni concrete e concetti concreti come verità soggettiva (ipotesi), e questa è una convenzione, un contratto di verità soggettiva, che è un'ipotesi. Nell'ipotesi sono presenti gli stessi concetti con contenuti diversi. La presenza di concetti con contenuti diversi significa che c'è una presenza di ipotesi assiomatiche nascoste.

Uno dei compiti importanti della scienza umana è la determinazione e l'eliminazione delle verità nascoste, implicite, assiomatiche, soggettive.

La fisica moderna è piena di ipotesi arbitrarie che sono nascoste in tutta la scienza umana. Questo è un difetto significativo che può essere superato attraverso l'uso di metodi scientifici appropriati. La Teoria della Conoscenza (epistemologia) ci indirizza alla scienza della Filosofia, che è Metodologia in relazione alle scienze private. Userò questo fatto per creare un ambiente di definizione adatto. L'ambiente di definizione è una somma di definizioni di importanti concetti fisici e regole per l'utilizzo delle definizioni.

7. AMBIENTE DI DEFINIZIONE

Definizione uno.
categoria filosofica TEMPO serve a denotare il **fenomeno** TEMPO.

Definizione due.
Il **fenomeno del** TEMPO **esiste** indipendentemente dalla **coscienza**.

Definizione tre.
Il **fenomeno del** TEMPO è **un attributo** dell'UNICA INFINITA REALTÀ.

Definizione quattro.
Un "Intervallo di tempo" è una **quantità di** TEMPO.

Definizione cinque.
specifica **quantità di** TEMPO appartiene a una **singola qualità** TEMPO

Definizione sei.
Definire la **qualità** TEMPO è una convenzione.

Definizione sette.
Ogni evento è un **fenomeno** che possiede **un'essenza**

L'ambiente di definizione è necessario per l'analisi del fenomeno TEMPO. L'ambiente di definizione può essere modificato o completamente diverso, che è una nuova convenzione.
Ma deve essere presente all'inizio di ogni analisi. In caso contrario,

l'analisi è impossibile.

8. SPIEGAZIONI ALL'AMBIENTE DI DEFINIZIONE.

Alla definizione uno.
categoria filosofica TEMPO serve a denotare il **fenomeno** TEMPO.

Spiegazione:
Nella scienza della filosofia ci sono importanti concetti di base che sono chiamati **categorie**. Il concetto di TEMPO è una *categoria filosofica*. Il concetto di **fenomeno** è una categoria filosofica appartenente al sistema della Logica Dialettica. La logica dialettica è una parte della conoscenza filosofica che definisce lo sviluppo dello spirito assoluto (vedi Hegel "Fenomenologia dello spirito")

Alla definizione due.
Il **fenomeno del** TEMPO **esiste** indipendentemente dalla **coscienza**.

Spiegazione:
Quando e se la **coscienza** scomparirà, il TEMPO continuerà ad **esistere**. I concetti di **coscienza** ed **esistenza** sono categorie filosofiche definite nella teoria della riflessione. La teoria della riflessione è una parte della conoscenza filosofica che si occupa dello studio della RIFLESSIONE come **proprietà principale** dell'UNICA INFINITA REALTÀ. La proprietà della RIFLESSIONE è la causa dello SVILUPPO dello SPIRITO ASSOLUTO e della MATERIA. Nella filosofia della scienza, la proprietà principale della **cosa** è denotata dall'attributo **di categoria**. Quando e se la **cosa** viene

spogliata dell'attributo, allora la **cosa** cessa di **esistere.**
La categoria filosofica **esiste,** appartiene alla Teoria della Riflessione (Vedi Internet, Accademico Todor Pavlov "Teoria della Riflessione").
L'esistenza vingi è nello SPAZIO e nel TEMPO.
I concetti SPAZIO, MATERIA, SPIRITO ASSOLUTO sono categorie della filosofia.
La categoria UNICA INFINITA REALTÀ serve a denotare l'infinita moltitudine di **oggetti** e **soggetti** (vedi " Tempo . Spazio . Movimento . Riposo . Relatività . Assoluto " Casa editrice Lambert 2018 "). I concetti di **oggetto** e **soggetto** sono categorie filosofiche che vengono analizzate, definite e appartengono alla teoria della riflessione.
Le categorie **qualcosa** e **niente** appartengono al sistema dialettico.

Alla definizione tre.
Il fenomeno del TEMPO è **un attributo** dell'UNICA INFINITA REALTÀ.

Spiegazione:
attributo di categoria filosofica denota una proprietà irrevocabile. Ogni **fenomeno** ha una proprietà irrevocabile. Ho già detto che quando al fenomeno viene tolta la proprietà irrevocabile , il **fenomeno** cessa di **esistere** . Quando l'attributo TEMPO viene tolto all'UNICA INFINITA REALTÀ, l'UNICA INFINITA REALTÀ cessa di esistere.

Alla definizione quattro.
Un "Intervallo di tempo" è una **quantità di** TEMPO.

Spiegazione:
"Intervallo di tempo" viene misurato con un dispositivo di misurazione del TEMPO. Il dispositivo di misurazione del TEMPO misura una **quantità di** tempo. Il dispositivo di misurazione del TEMPO è chiamato orologio. **La quantità** di orologi **possibili** , nell'UNICA INFINITA REALTÀ, è infinitamente grande.

Alla definizione cinque.

specifica **quantità di** TEMPO appartiene a una **singola qualità** TEMPO

Spiegazione:
Il tipo TIME è **qualitativamente** definito TIME.
Ad esempio, il TEMPO relativo è la **qualità** TEMPO, il TEMPO assoluto è un'altra **qualità** TEMPO, il TEMPO fisico di Einstein è la **qualità** TEMPO, il TEMPO logico è la **qualità** . Si possono elencare altri...

Alla definizione sei.
Definire la **qualità** TEMPO è una convenzione.

Spiegazioni:
Nel 1898 Poincaré pubblicò un articolo. (" Il tempo misura .") «Revue de Metaphysique et de Morale» (1898, t. VI, p. 1 -13).

Questa è una meravigliosa analisi dei problemi che sorgono nel determinare i modi di misurare il tempo. Nel processo di analisi, Poincaré esamina varie regole che possono essere utilizzate e trae due conclusioni essenziali:

"In questa discussione vorrei attirare l'attenzione su due punti.
1. Le norme applicabili sono molto varie.
2. È difficile separare il problema qualitativo della simultaneità dal problema quantitativo della misura del tempo».

Nel lontano anno 1898, quanto disse Poincaré è una vera profezia di ciò che sta accadendo ora, nell'anno 2022. Poincaré mostra i problemi che sorgono quando si studia il fenomeno del TEMPO. Questi sono problemi che bloccano lo sviluppo della fisica e di tutta la scienza moderna.

E quando Poincaré esamina ancora una volta gli intervalli di tempo, dice:

"Dobbiamo trarre la seguente conclusione. Non possiamo determinare direttamente per intuizione né la simultaneità né

l'uguaglianza di due intervalli di tempo. Se crediamo di avere tale intuizione, siamo illusi. Lo sostituiamo con alcune regole che usiamo quasi sempre senza rendercene conto".

Poincaré lo disse nel 1898! Questo accadeva otto anni prima del 1905, quando Einstein pubblicò il suo primo articolo sulla Teoria della Relatività (" Zur elektrodynamik motore Kö rper "). In questo articolo, Einstein iniziò a pensare a un intervallo di tempo e cercò di creare una definizione di intervallo di tempo. Ma Einstein non ha avuto successo. La mia opinione personale è che Poincaré sapesse molto più di Einstein. Poincaré era ben consapevole dei problemi da risolvere analizzando il fenomeno del TEMPO. Fu questa conoscenza che impedì a Poincaré di creare la Teoria della Relatività nel modo in cui Einstein creò la teoria. Einstein aveva una comprensione intuitiva del fenomeno del TEMPO.

E proprio per questo, secondo Poincaré, la conoscenza intuitiva del tempo deve essere sostituita da regole per misurare il tempo. Quando vengono visualizzate le regole di misurazione del tempo, viene visualizzata la **convenzione di qualità** TIME .

Le regole sono definizioni, la convenzione è un dominio di definizione. L'area di definizione definisce la qualità TEMPO. Le regole presentate nella convenzione devono soddisfare determinati requisiti.

Ecco le parole di Poincaré:

"Qual è l'essenza di queste regole?
Non esiste una regola generale. Ci sono molte regole private utilizzate in ogni caso specifico. Queste regole non ci vengono imposte e possiamo inventarne altre. Ma non possono essere cambiate quando complicano la formulazione delle leggi fisiche, delle leggi della meccanica e dell'astronomia. Pertanto, scegliamo queste regole non perché siano vere, ma perché sono le più convenienti e possiamo riassumere come segue:

La simultaneità di due eventi, o l'ordine della loro successione, deve essere determinata dall'uguaglianza di due durate, in modo che la formulazione delle leggi naturali sia la più semplice possibile. In altre parole, tutte queste regole, tutte queste definizioni, sono solo il frutto di accordi inconsci.

Più di cento anni fa, Poincaré creò un programma per lo sviluppo futuro di ipotesi sul fenomeno del TEMPO. Questo programma deve essere utilizzato ora. Concordo con l'analisi di Poincaré e condivido le sue idee sullo sviluppo della scienza che studia il fenomeno del TEMPO. Le analisi di Poincaré contengono un'enorme carica euristica. Queste sono idee guida che noi che analizziamo il fenomeno TIME dobbiamo seguire.

Alla definizione sette.
Ogni evento è un **fenomeno** che possiede **un'essenza**.

Spiegazione:
Nell'articolo " Zur elektrodynamik motore Kö rper " scritto nel 1905, Albert Einstein introdusse il termine "coincidenza di eventi" e suggerì di usarlo per definire la simultaneità di eventi. Ecco cosa dice:

"Se un orologio si trova in un punto A nello spazio, allora l'osservatore, situato in A , può determinare il tempo degli eventi nelle immediate vicinanze di A chiedendo la coincidenza delle posizioni delle lancette dell'orologio che sono simultanee con questi eventi".

Si capisce dal testo che Einstein sta cercando di **stabilire l'ora degli eventi** che si trovano vicino all'orologio A dalle posizioni delle lancette dell'orologio. Il giudizio espresso da Einstein è abbastanza intuitivo, non chiaro, e necessita di ulteriori analisi.
Einstein ha parlato di numerosi eventi che si verificano in prossimità di un orologio. Ognuno di questi eventi coincide con la posizione delle lancette dell'orologio. Einstein non ha notato che in questo caso la "posizione delle lancette dell'orologio" rappresenta un evento che si verifica. Ma allora si tratta di due occorrenze, di due eventi indipendenti che coincidono. Questo dà a Einstein motivo per chiamarli simultanei. Poi, la coincidenza di almeno due eventi, uno dei quali è la posizione delle lancette

di **un singolo** orologio, definisce almeno un momento nel tempo. Questa è un'ottima idea di Einstein, che useremo sempre. E poi, **appaiono gli eventi** (appare un fenomeno), con **un'essenza** che è coincidenza. L'evento 'clock position' ha un valore numerico. Il valore numerico appare nell'orologio, ed è assegnato all'evento "Posizione lancette orologio". I due eventi, che sono due **fenomeni**, hanno la stessa **essenza**, designata come coincidenza. E poi la coincidenza ha lo stesso valore numerico specifico, e si chiama **momento del tempo**.

Di solito è indicato con T_n o t_n, dove, $n = 0,1,2,3,....\infty$

Un momento nel tempo è sempre l'inizio o la fine di un **intervallo di tempo**. O l'inizio o la fine dell'intervallo di tempo concreto **possono essere** sconosciuti, e quindi la fine o l'inizio non vengono commentati dal ricercatore.

9. CONCLUSIONE

Si può dire che quello che ho scritto non è così importante, e la Relatività Speciale è corretta.
Spiego molto brevemente:
La Relatività Speciale è una teoria del tempo fisico. Il tempo fisico è stato definito da Einstein. Il tempo fisico è relativo. Il metodo di Einstein utilizza una semplice espressione matematica:

$$t_B - t_A = t'_A - t_B$$

Con questa espressione Einstein definì il concetto di "*intervallo di tempo*".
Nella Relatività Speciale, "*intervallo di tempo*" diventa "*tempo fisico*". Quando c'è il dubbio che **l'intervallo di tempo** non sia corretto, significa che il tempo fisico non è corretto e che la Relatività Speciale non è corretta.

www.ingramcontent.com/pod-product-compliance
Lightning Source LLC
Chambersburg PA
CBHW070304220526
45465CB00004B/1738